PHILIPPE BOULANGER

Les Mille et une nuits

DE LA SCIENCE

Belin

8, rue Férou - 75278 Paris cedex 06
www.editions-belin.com

Illustrations intérieures : Bruno Vacaro
Conception graphique et mise en page : Atelier SAJE

ISBN 978-2-7011-8964-2

Un pastiche, sinon rien

Sommaire

1re nuit	LA BIBLIOTHÈQUE DANS LA PLAQUE D'OR	7
2e nuit	LES PROPRIÉTÉS DE π	15
3e nuit	LE RALENTISSEMENT DU TEMPS	21
4e nuit	LES REMONTÉES DANS LE TEMPS	27
5e nuit	LE PRÉSENT DU DJINN	33
6e nuit	LA LONGUE MARCHE	39
7e nuit	LES TRANSFORMATIONS DU MONDE	43
8e nuit	LA DÉCOUVERTE DU PREMIER OISEAU	51
9e nuit	LA DERNIÈRE DES DERNIÈRES	57
10e nuit	LES JEUX DE L'AMOUR	63
11e nuit	FAITES LE SINGE, PAS LA GUERRE	69
12e nuit	PRENDRE LA (BONNE) PORTE	75
13e nuit	LA TAILLE DES DIAMANTS : CONTE THÉOLOGIQUE	81
14e nuit	LES FRACTALES	87
15e nuit	LA CHALEUR HUMAINE	93
16e nuit	LA BAGUE DEVINÉE	99
17e nuit	LA PERLE NOIRE	105
18e nuit	LE PARTAGE PROPORTIONNEL	109
19e nuit	SUR DES CHARBONS ARDENTS	113
20e nuit	LES SUPER-TÂCHES	119
21e nuit	LE NŒUD DE L'INTRIGUE	125
22e nuit	LE PARLER VRAI	131
23e nuit	LES FEMMES INFIDÈLES	137
24e nuit	LE CATALOGUE DES CATALOGUES	141
25e nuit	L'ENFER DU JEU	147
26e nuit	LES MARTINGALES DÉVOILÉES	153

PREMIÈRE NUIT

LA BIBLIOTHÈQUE DANS LA PLAQUE D'OR

L'aube céda la place au jour et illumina le palais de Chahzamane, roi de Samarkand. Hélas, le roi se morfondait : il songeait que ses collections seraient toujours incomplètes, ce qui le rendait morose, et, faute de place, il ne pouvait même plus les améliorer, ce qui l'exaspérait. Chahzamane avait le gène du collectionneur : il faisait collection de collections. Il avait les plus belles opales, les plus étincelants rubis, les plus somptueuses tentures de Damas en soie enchevêtrée d'or et quelques-uns des plus beaux livres du monde. Trente serviteurs lettrés sillonnaient les terres lointaines et achetaient de magnifiques ouvrages ; d'autres les copiaient dans les bibliothèques. Trois cents salles du palais étaient tapissées de livres rares, de dictionnaires et d'encyclopédies de toutes tailles*.

« Où vais-je ranger les nouveaux volumes ? », se lamentait le roi.

Il ne pouvait renoncer à sa passion de collectionneur.

« J'aimerais demander conseil au djinn Ibliss, mais il me boude. Pourtant il s'entend si bien avec ma fille Irvana. Jeunesse insolente et coupable… de lèse-majesté », maugréait-il.

Il se consola avec les fruits de son premier repas, des pêches de Khoullama, des coings de Turquie, des pommes musquées, tous les fruits du monde…

Irvana était d'une rare douceur, et son teint reflétait le tendre éclat de la Lune. De sa fenêtre elle admirait Adjib, le marchand d'huile, jeune homme vigoureux et, à ses yeux, charmant, avec lequel elle aurait voulu tenir de doux propos. Hélas, le roi était sévère, et Irvana ne pouvait qu'adresser au jeune éphèbe un petit souris lors de sa promenade matinale, où elle paradait, flanquée de ses dames d'honneur et autres espionnes.

Que faire, s'interrogeait-elle, sinon demander conseil à Ibliss ? Elle composa SOS djinn sur sa cithare et le djinn apparut dans un tournoiement de lumière embaumée.

« Je ne peux communiquer avec Adjib, lui confia Irvana, d'une voix dont la mélodie était celle d'un ruisseau de perles. Tous mes messages sont d'abord lus par les servantes qui rapportent à mon père. »

* Que des encyclopédies puissent avoir des grosseurs différentes est étonnant.

Elle suppliait Ibliss de la secourir, en baisant les mains diaphanes et les pieds impalpables du djinn. Ibliss rayonnait de satisfaction. Il pourrait, encore une fois, aider Irvana : il l'avait connue toute petite et avait pour elle une particulière tendresse.

« Tu vas utiliser *Levis*, le code secret des djinns. Écris ton message à Adjib et remplace chaque lettre par un nombre à deux chiffres, 01 pour *a*, 02 pour *b*, etc. jusqu'à *z*, qui est remplacé par 26.

– Je comprends, gazouilla Irvana, mon message passera comme une facture ou une commande d'huile. Mais pourquoi 01 pour *a*, et non pas 1 ? »

Le djinn trépigna d'impatience.

« C'est le B-A BA de la cryptographie djinnique, expliqua-t-il. Chaque suite de deux chiffres correspond à une lettre et il faut lire les chiffres deux par deux. Si tu écrivais 1 pour *a* et 2 pour *b*, alors Adjib pourrait confondre 12, qui signifie la lettre *l*, avec la combinaison *ab*. »

Irvana écrivit son message : elle y donnait rendez-vous à Adjib au bazar. Le djinn courut expliquer le code au jeune marchand d'huile.

Aussi, le lendemain, dans le tumulte du bazar, Irvana échappa à ses servantes espionnes et rejoignit Adjib qui l'attendait comme convenu. Ils sirupèrent quelques mots doux ; chacun lisait son bonheur dans les yeux de l'autre. Enfin, il arriva ce qui arriva.

Reposée, Irvana rompit le silence, doux de béatitude, pour interroger son tout nouvel amant.

« Comment pourrais-tu persuader mon père, lui demanda t-elle, de me laisser t'épouser ? J'ai un autre prétendant, Yatagan, le fils d'un vizir de Bagdad, une brute poilue qui rote sa grossièreté. C'est bientôt le concours des prétendants et je tremble qu'il ne le gagne.

– Quel est l'objet du concours, l'interrogea Adjib ?

– Nul ne le sait encore. Le Grand vizir doit le proclamer ce soir au retour de la chasse royale. »

Les deux amants s'étaient à peine séparés que le djinn accourait (car le djinn est tonique*). Il leur indiqua à chacun et en même temps, car il avait le don d'ubiquité, le sujet du concours.

« Comment diminuer la place occupée par les livres de ma bibliothèque ? », telle était la demande du roi collectionneur.

Des ondes d'espoir traversèrent, entre Irvana et Adjib, les couloirs du palais et les rues de Samarkand. Grâce au code du djinn, ils tenaient la solution du défi.

En réalité, et vous le savez, savant et perspicace lecteur, Adjib n'était pas qu'un petit marchand d'huile. Fils du roi d'Izmir, de la dynastie des Arachides, il avait pris cet humble poste de marchand pour être plus près d'Irvana. Il dépêcha un courrier à son père, qui envoya une nuée de serviteurs jusqu'à la bibliothèque de Chahmazane.

Pendant ce temps, Yatagan ne restait pas inactif : il s'employait à faire copier les livres par des esclaves, en écriture si petite qu'on ne pouvait la lire qu'à travers une topaze taillée. Comme les esclaves ne travaillaient pas assez vite, au gré de Yatagan, les coups de fouets zébraient l'air.

En revanche, Ibliss encourageait les serviteurs d'Adjib en leur promettant des récompenses et en leur apportant des mets parfumés. Une lune se passa. Un serviteur fut dépêché en tapis volant** vers le roi d'Izmir avec un rouleau de chiffres.

* Mais à consommer avec modération.

** À l'orthographe près, qu'un tapis puisse « voler » ne surprenait personne.

Le jour où les deux candidats devaient proposer leur solution, le messager d'Izmir était de retour avec un paquet enveloppé de soies rutilantes. Le palais était en effervescence. Le roi Chahmazane choisissait son plus bel habit dans sa collection de robes d'apparat chic*, d'habits de Mardin, d'étoffes de Baâlbek, de soieries de Homs, de brocarts de Bagdad, de gazes de Mossoul, de manteaux du Maghreb. Piaffant, il attendait que la salle des bains royaux soit libérée par ses 283 femmes et surtout par sa fille Irvana qui avait l'habitude d'oindre longuement son corps de délicats parfums.

Chahmazane pénétra enfin dans la salle des conférences royales. Adjib était agenouillé devant son cadeau enveloppé, et Yatagan arpentait les couloirs en bavant plus d'écume que les étraves des navires perses qui fendent la mer.

À l'appel de son nom, Adjib ouvrit la soie et une plaque d'or miroita dans la lumière.

« Voici, roi fortuné, le cadeau de mon père, roi d'Izmir, la ville scintillante. Toute ta bibliothèque est contenue dans ce rectangle d'or. »

Yatagan éclata de rire, et les sourcils de Chahmazane se froncèrent.

« Toute la bibliothèque du plus grand monarque de la Terre dans une plaque sans aucune inscription ? », ironisait Yatagan, en vissant l'index de sa main droite contre sa tempe ; en ces temps démonstratifs, ce geste indiquait que l'orateur n'avait plus toute sa raison.

Adjib s'expliqua.

« Mes serviteurs ont associé, affirma Adjib, à chaque lettre de chaque mot de chaque page de chaque livre, un nombre à deux chiffres, comme nous l'avons fait pour correspondre, Irvana et moi… »

---

* Désignent aussi, dans certains régimes totalitaires, des habits de notables.

À ces mots, le visage d'Irvana prit la teinte des roses d'Ispahan au coucher du Soleil.

« Puis ils ont placé tous ces nombres à la suite, pour faire un très long nombre, continua Adjib, qui commençait par 190113… Ils ont mis un zéro devant et une virgule, soit 0,190113. Ensuite le joaillier de mon père a fabriqué une plaque d'or rectangulaire. Le quotient du plus petit côté au plus grand est ce nombre, qui est ainsi l'équivalent de toute ta bibliothèque. En plein dans la plaque. »

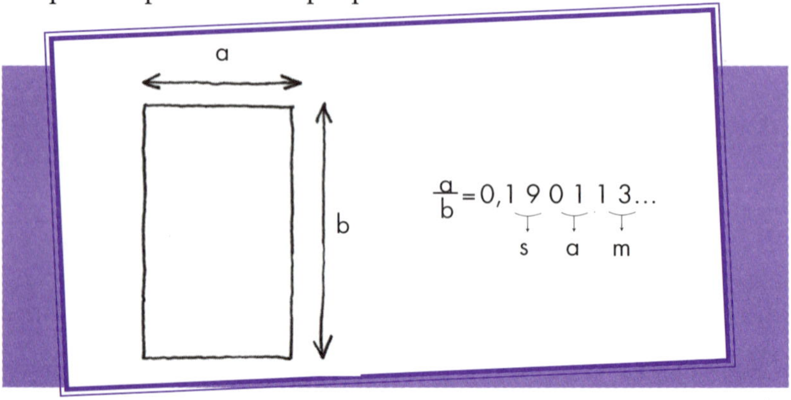

Yatagan était courroucé. Sa solution ne valait rien comparée à celle d'Adjib. Aussi alla-t-il chuchoter à l'oreille du roi qui revint sur sa promesse.

« Il y a une seconde épreuve, Adjib, pour obtenir définitivement la main de ma fille. Qui pourra trouver un nombre qui contient non seulement tous les livres de ma bibliothèque, mais les livres de toutes les bibliothèques du monde, tous les livres à venir, et tous ceux qui pourraient exister ? »

Ibliss calma le courroux d'Irvana, car il avait la solution.

Nous verrons cette possibilité la prochaine nuit, affirma Schéhérazade*.

* Schéhérazade devait toutes les nuits raconter à son amant une histoire suffisamment passionnante sinon elle serait exécutée : c'est le premier exemple historique de la fameuse loi *Publish or Perish*.

« Aujourd'hui nous avons compris qu'une suite de paire de chiffres représente un message codé. Cette suite de chiffres peut être considérée comme un nombre. Comme il n'y a pas de taille limite à un nombre, on peut représenter, avec une telle suite, n'importe quel message. C'est par un système du même type que les lettres sont codées dans les ordinateurs modernes. Le développement des communications a imposé des codages cryptés d'une complication croissante. En mettant un zéro et une virgule devant le nombre obtenu par les serviteurs d'Adjib, on figure ce nombre immense par le quotient de deux longueurs. Séduisant théoriquement, mais de réalisation physique délicate car il est difficile de mesurer une longueur avec plus d'une dizaine de décimales ; sur une longueur d'un mètre il n'y a que 10^{10} atomes et comme on ne peut couper un atome en deux, on ne peut connaître que 10 décimales, ce qui ne fait que 5 lettres. Toutefois, me direz-vous il est des mots de cinq lettres expressifs. "Se non è vero, è bene trovato", résume le sentiment général sur le codage par des moyens physiques, remarqua Schéhérazade, qui connaissait ses auteurs italiens. »

À ce moment de la narration, Schéhérazade vit apparaître le matin, et discrète, se tut.

DEUXIÈME NUIT

LES PROPRIÉTÉS DE π

« Ne vous énervez pas, père, tout se passera bien. » Irvana tranquillisait le roi Chahzamane, qui ne tenait plus en place. Le roi briguait la présidence de l'Association des collectionneurs d'étiquettes de Loukoum et la réunion annuelle de l'association devait se tenir dans un mois à son palais de Samarkand. Il souhaitait bien traiter ses invités pour assurer son élection. Aussi attendait-il son joaillier à qui il voulait commander une série de plateaux pour disposer les étiquettes de ses amis collectionneurs. Irvana s'inquiétait que son père, collectionneur invétéré, ne démarre une collection de tels plateaux. Dès qu'il acquérait un objet, Chahzamane commençait une collection…

Enfin le joaillier pénétra dans la grande salle de la bibliothèque où se tenait le roi. Le roi le fit asseoir, lui offrit du thé au jasmin. Et lui passa commande d'une série de plateaux d'argent cerclés d'or de deux mètres de rayon.

« De quelle surface d'argent auras-tu besoin pour chaque plateau demanda-t-il ? Et de quelle longueur d'or ?

– Pour chaque plateau, j'aurais besoin de π fois quatre mètres carrés d'argent, et de π fois quatre mètres d'or, répondit le joaillier. Car mon djinn géomètre m'a appris que la surface d'un plateau de rayon R est πR^2 et la longueur de la circonférence $2\pi R$.

– Qu'est ce que π, demanda Chahzamane ?

– Un nombre égal à 3,14159…, avec une infinité de décimales. »

La commande était d'importance. Aussi Chahzamane demanda des précisions au joaillier.

« Es-tu certain de tes deux formules ? Comment se fait-il que ce soit le même nombre π qui serve à la fois pour l'aire du plateau et la longueur de sa circonférence ?

– C'est étonnant, mais vrai, répliqua le joaillier. Le plateau d'argent cerclé d'or est un article très demandé, aussi j'ai réfléchi à la question. Et je peux vous montrer que c'est la même valeur de π. Voyez, Sire, ce plateau de démonstration en papier. Je le découpe en secteurs que je réarrange rapidement. Si la longueur de la circonférence est $2\pi R$, la superficie du rectangle* formé par le réarrangement des secteurs constituant la surface est πR multiplié par R, c'est-à-dire πR^2… »

* Ce raisonnement est toujours un peu dangereux car deux courbes arbitrairement voisines peuvent avoir des longueurs très différentes.

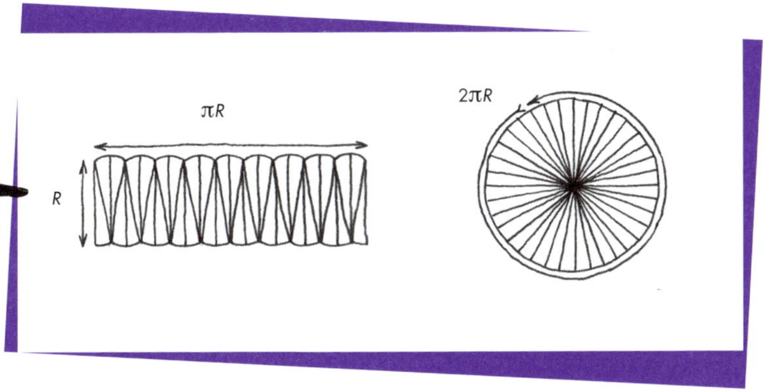

Le joaillier s'échauffait à mesure de sa démonstration. Il était si plein de son sujet qu'il bondissait de part et d'autre de la bibliothèque pour arranger ses secteurs. Il termina dans une apothéose gestuelle.

« Et c'est le même π, Seigneur, avec tout le respect que je vous dois, et les mille pièces d'or que vous allez m'avancer pour mon travail. »

Le roi Chahzamane lui fit verser son acompte, mais il ne l'écoutait déjà plus. Il examinait sa bibliothèque et s'interrogeait tout haut.

« Pourrais-je posséder, se demandait-il, une bibliothèque contenant tous les livres du monde ? Cet animal d'Adjib, dont ma fille s'est entichée, n'a pas répondu à ma question : un nombre peut-il contenir toutes les bibliothèques du monde ?

– S'il vous répond, demanda Irvana, tiendrez-vous votre promesse ? »

Chahzamane regarda, méfiant, autour de lui et sourit de soulagement : Yatagan n'était pas là.

« Certainement, ma fille. Si la réponse d'Adjib me satisfait, nous célébrerons ton mariage pendant la fête que je compte donner pour les collectionneurs de loukoums… Demande-lui de venir. »

Adjib arriva précipitamment les yeux pleins de flammes.

« Imaginez votre gloire, Sire, d'avoir constitué une bibliothèque qui contient non seulement toutes les bibliothèques du monde, mais tous les ouvrages qui puissent exister. Examinons le problème. Tous les livres ont moins de 1 000 pages de 20 lignes de 100 signes chacune. Le nombre de livres différents est énorme, mais n'est pas infini. S'il était infini vous auriez plus de difficultés à constituer votre bibliothèque. Mais il est fini. Imaginons que vous ayez tous les livres possibles de cette taille ou de taille inférieure. Si un livre était plus gros, on le couperait en deux*.

– Et alors, l'interrompit le roi, comment… ?

– Et alors, Sire, il y aurait dans cette bibliothèque le récit de vos nuits avec toutes vos favorites, le récit de toutes vos nuits futures, l'histoire de vos enfants et de vos petits-enfants, les traductions de tous ces livres en italien, espagnol, vieux français et breton, toutes les œuvres produites par les singes tapant à la machine et essayant de reconstituer les pièces de Shakespeare, le récit de mon mariage avec Irvana, le même récit où vous nous donnez en plus mille pièces d'or, tous les livres possibles**…

– Et le récit du mariage d'Irvana avec Yatagan, qui sera réalité si tu ne me dis pas comment, dans un nombre…

– J'y viens, Seigneur. Vous souvenez-vous du codage où l'on remplace les lettres par les chiffres, *a* par 01, *b* par 02, etc. Chaque livre est ainsi transformé en un très grand nombre. Eh bien ce très grand nombre apparaît nécessairement dans la suite infinie des décimales de π. Ainsi tous les nombres et tous les livres sont contenus dans π.

---

* Peut-être y aurait-il une difficulté avec les livres infinis, contenant le type d'histoire suivante, qui boucle indéfiniment : « C'était par une chaude journée d'août ; les enfants, écrasés de chaleur, se réfugièrent sous un arbre pour profiter de la chaleur de son ombre. Que faire, s'écrièrent-ils ? Il fait trop chaud pour jouer. Léonce leur proposa de leur raconter une histoire : "C'était par une chaude journée d'août ; les enfants, écrasés de chaleur, se réfugièrent sous un arbre pour profiter de la chaleur de son ombre. Que faire…" »

** Les livres impossibles sont exclus : par exemple aucun livre n'est un iguanodon, bien qu'il existe des livres qui examinent, qui nient et démontrent cette impossibilité et toutes ses variantes…

– Et alors, ajouta Irvana, il suffit de vous acheter une barre d'or fin avec une encoche à π mètres d'une extrémité.

– Les nombres infinis m'effraient, remarqua Chahzamane. Pour calculer cette infinité de décimales, il faudra une infinité de djinns calculateurs. C'est impossible. Cela va très mal pour toi*, Adjib.

– Il suffit, ô Seigneur, de savoir que π est la longueur de la circonférence d'un plateau d'un mètre de diamètre, le tranquillisa Adjib. Si vous avez le plateau, vous avez π.

– Je vais me le faire fabriquer car il contient tous les livres du monde, dit aussitôt Chahzamane, soulagé. Faites revenir le joaillier.

– Je vais aussi lui parler de ma bague de mariage, affirma Irvana. »

« S'il y a toutes les suites possibles de chiffres dans les décimales du nombre π, il y a toutes les histoires du monde, continua Schéhérazade, qui rayonnait d'intérêt. Le nombre π serait ce que les mathématiciens dénomment un nombre universel, ils ne l'ont pas encore absolument prouvé, mais ils en sont convaincus. Cela étant il faut calculer assez de décimales pour voir apparaître cette suite. Actuellement on ne connaît "que" 10 000 milliards de décimales de π. Toutefois, une toute nouvelle méthode permet de calculer les chiffres composant π beaucoup plus vite, le calcul ne dépendant pas de tous les chiffres précédents ; hélas la formule de ces décimales lointaines ne donne π que dans le système binaire et non dans le système décimal. »

À ce moment de la narration, Schéhérazade vit apparaître le matin, et, discrète, se tut.

* De mâle en π, se plaignait Io, mais son amant l'envoyait paître.

TROISIÈME NUIT

LE RALENTISSEMENT DU TEMPS

Zein, le marchand, sirotait de fraîches boissons parfumées au gingembre et adoucies au miel, quand un vieillard se présenta avec un adolescent qui lui ressemblait beaucoup.

Zein était riche : il commerçait avec les villes lointaines et ses placements dans la grande aventure étaient avisés. Puissant armateur, ses navires sillonnaient la mer océane ; il aimait s'entretenir avec les voyageurs qui le renseignaient sur les goûts des peuples étrangers. Aussi accueillit-il aimablement les deux inconnus.

Il sursauta quand le vieux mendiant prit la parole: « Ce jeune homme est mon père », lui dit-il. À ces mots Zein s'étonna et fit venir ses concubines pour qu'elles entendent l'histoire des deux mendiants.

L'adolescent, nommé Khalibr 13*, continua:

« J'étais, comme vous, marchand à Samarkand, quand notre père, Khalibr 12, m'envoya, en compagnie du djinn Khoka, vendre les habits que nous avions tissés à Bagdad. Le djinn chargea la marchandise sur deux tapis volants, pendant que j'embrassais mon fils, Khalibr 14, qui est aujourd'hui ce vieillard à côté de moi!

Le premier tapis partit, avec mon fils, directement pour Bagdad; sur le second nous avons fait un détour vers les étoiles car Khoka est d'humeur vagabonde. Nous avons visité la Voie lactée et ses merveilles, et plus de mille étoiles qui scintillent dans le ciel, les géantes rouges, les naines blanches et les étoiles sombres que l'on nomme trous noirs. Certaines planètes avaient deux soleils, deux jours en un, deux aubes et deux crépuscules.

Et nous fendions l'espace aussi vite que l'éclair, tout près de la vitesse maximale, la vitesse de la lumière. À cette vitesse, ô généreux marchand, le temps semble s'écouler beaucoup plus lentement, jusqu'à presque s'arrêter quand le tapis approche cette rapidité, comme si Allah avait, de par sa volonté, figé les êtres et les choses! »

Zein avait une concubine, dénommée Zorah, que la nature avait dotée de nombreux attraits physiques et d'une intelligence espiègle.

* Un drôle de pistolet qui avait de nombreux ascendants répertoriés.

« Quelle fontaine de jouvence si l'on ne vieillit pas ! S'exclama-t-elle en tapant dans ses mains. J'aimerais appeler Khoka, si vous le permettez, mon bon maître, pour partir avec lui et revenir aussi fraîche et aussi jeune, alors que vous serez encore plus vieux. »

Elle s'arrêta d'un coup, car les sourcils broussailleux du marchand s'étaient dangereusement froncés. Aussi changea-t-elle de sujet.

« Comment mesuriez-vous le temps, si loin de notre Soleil ? Un jour ne signifie plus rien*.

– Avec le sablier non gravitationnel que voici, affirma le vieil adolescent. Ce sablier était utilisé dans les cuisines de mon père pour mesurer la durée de cuisson des œufs mi-mollets au sein des espaces intergalactiques.

– C'est grande merveille, que le sable s'écoule moins vite quand le tapis approche la vitesse de la lumière ! s'exclama Zorah.

– C'est plutôt nous qui voyons leur temps ralentir, remarqua Zein qui avait l'esprit délié. Mais Dieu sait mieux que nous ce qui est caché dans les mystères du monde…

– Nous n'avons retourné le sablier qu'une centaine de fois au cours de notre voyage, pendant que cinquante années s'écoulaient sur Terre, continua Khalibr, comme je m'en rendais compte à mon retour, en voyant mon fils si décati. Si bien que j'étais alors, comme vous le voyez, apparemment plus jeune** que mon fils ! Mais, pendant ce temps si court,

* On sait ce qu'est un jour, mais la durée d'un jour reste énigmatique. La durée du jour a la même longueur que n'importe quel phénomène qui a la même durée qu'un jour, a dit Lewis Caroll. Le temps, je sais ce que c'est jusqu'à ce qu'on me le demande, disait saint Augustin. Que se passerait-il si le temps s'arrêtait un moment dans tout l'Univers ? Nous rendrions-nous compte de quelque chose ? Et si l'on pense que le temps s'écoule uniformément, à quelle vitesse ? On peut aussi s'interroger avec le mathématicien Henri Poincaré (1854-1912) : pourrions-nous observer le doublement de taille de l'Univers ? Si ce doublement n'est pas observable, est-il réel ?

** Dans une foule, Khalibr 13 est facilement reconnaissable : il est plus vieux qu'il n'en a l'air.

nous avons voyagé et vu des phénomènes astronomiques que je vous raconterai un jour, si vous avez la patience de m'entendre.

– Vous êtes les bienvenus et déjà mes amis, affirma Zein, aussi nous devons vous accueillir selon vos mérites. »

Le marchand leur offrit des habits de fête qu'ils revêtirent après leur bain parfumé. Puis ils goûtèrent les plats délicats sans que leur hôte ne les importune de questions. Zorah était fascinée par Khalibr et son regard était tout d'imploration muette, mais elle craignait de l'ennuyer et, surtout, Zein la surveillait, avec indulgence, mais fermeté.

Quand ils eurent fini leur repas, Zein reprit la parole.

« Pourquoi, mon enfant, et Zein s'adressait bien sûr au vieillard, êtes-vous maintenant dans une telle gêne ? »

Zorah conversait si gentiment avec Khalibr 13 que celui-ci ne pouvait parler, aussi ce fut son vieillard de fils, Khalibr 14, qui répondit.

« Hélas, nous avons attendu notre père à Bagdad pendant 50 ans, alors que pour lui seulement quelques mois s'étaient écoulés. Grand fut notre désappointement à tous deux quand nous avons essayé de vendre la marchandise. En un demi-siècle, la mode avait changé, les babouches étaient plus pointues, les voiles plus légers, les broderies d'autres couleurs. Toute la marchandise ne valait plus un dinar. De surcroît, nous avons payé 50 ans de contraventions de stationnement pour le premier tapis. Notre famille était ruinée. »

Zein opinait : il savait les incertitudes du commerce et la dureté des services de police. Ensommeillé par la digestion du festin, il admirait Zorah qui dansait pour Khalibr 13 si vivement qu'elle en avait perdu son tchador*.

« Le calife m'a raconté une histoire plus étonnante encore, ajouta-t-il. Un voyageur, non content de ne pas vieillir avait

* Quand le tchador, les Houris dansent.

rajeuni. Je vous la dirai demain, quand vous aurez pris un repos bien mérité. »

Et chacun se retira pour rêver à ces voyages dans le temps, sauf Zorah qui ne savait qui suivre, de Zein ou de Khalibr.

« Le temps s'écoule plus lentement quand on approche la vitesse de la lumière, réfléchit tout haut Schéhérazade. Cela a été confirmé expérimentalement sur des particules dont on a vérifié qu'elles se désintègrent plus lentement quand elles vont vite.
Si deux personnes, qui se déplacent l'une par rapport à l'autre et à vitesse constante, pouvaient comparer leur âge, chacune paraîtrait plus jeune à l'autre. Est-ce vraiment étonnant, ajouta Schéhérazade en souriant ? Quand deux femmes de même âge se rencontrent, chacune s'estime plus jeune que l'autre !
Tout ce qui a l'air symétrique ne l'est pas, ajouta-t-elle finement : dans les stations balnéaires, les jeunes filles cherchent des maris et les maris cherchent des jeunes filles.
Autre exemple de fausse symétrie: Darius avait fait à Alexandre des propositions de paix. Un général prudent, Parménion, lui conseilla :
"J'accepterais si j'étais Alexandre.
– Moi aussi, si j'étais Parménion, lui répondit Alexandre."
Revenons à la physique, se morigéna Schéhérazade : cette symétrie entre les temps, où chacun voit les pendules de l'autre tourner moins vite que la sienne, n'est vraie que si la vitesse relative est constante. Dans notre histoire, le voyageur fait un aller-retour et doit ralentir à un moment donné. Donc il décélère et accélère et les lois de la relativité dite restreinte ne s'appliquent plus : Khalibr 13 est vraiment plus jeune que Khalibr 14. Des expériences de physique ont aussi confirmé ce résultat… »

À ce moment de la narration, Schéhérazade vit apparaître le matin, et discrète, se tut.

QUATRIÈME NUIT

LES REMONTÉES DANS LE TEMPS

Djirdjis, fils du roi Euthyme de l'île d'Énos, quitta un jour son île, sur un tapis volant capitonné, accompagné du djinn Khoka light (pour éviter les excédents de poids sur le tapis). Ils se dirigèrent vers le centre de la galaxie où on leur avait indiqué un trou noir turbulent et miraculeux. Ô combien inquiétant était le voisinage d'un trou noir ! Des mirages fantastiques tordaient la lumière, les rayons lumineux tournaient plusieurs fois autour du trou noir et y déchiraient l'horizon : Djirdjis se recroquevillait de terreur et suppliait Khoka light d'arrêter ce tourment. Le djinn obéit et ils abordèrent une planète dont les habitants parlaient l'Achimil, une langue bizarre.

Khoka light pouvait comprendre toutes les langues, et il expliqua à Djirdjis que, sur cette planète, le temps s'écoulait à l'envers. Les habitants, les Sregnarté, naissaient vieillards et mouraient nouveaux-nés, les pendules tournaient à l'envers et les aliments brûlaient avant de cuire. Khoka traduisait les conversations en Achimil à Djirdjis :

« Ces étrangers pensent construire un casino, mais les résultats de la roulette seront connus avant les mises, ce qui nuit au suspense. Il est évident que le projet n'aboutira pas car sinon ils auraient leur casino depuis belle lurette.

– Pourrions-nous leur parler, demanda Djirdjis ?

– Difficile car ils connaissent la fin de la phrase avant le début. Nous pourrions essayer de converser en palindrome, ces mots et phrases qui se lisent dans les deux sens*.

– Je ne connais pas un tel mot, affirma Djirdjis.

– C'est moi, affirma un Sregnarté appelé Tom.

– Le choix des phrases est limité. “Léon, émir cornu d'un roc rime Noël” leur cria Khoka. »

Les Sregnarté étaient tout « retournés » de cette particularité géologico-sémantique de l'Émir cornu, mais l'absence de suite de la phrase avait précédé leur attente.

« Engage le jeu, que je le gagne, répondit l'un d'entre eux. »

Djirdjis voulut leur obéir, mais Khoka light l'arrêta.

* Comme « La malade pédala mal » ou « Tu l'as trop écrasé, César, ce Port-Salut » ou encore un palindrome contenant le mot palindrome : « Eh tel inégal palindrome ne mord ni la plage ni le thé .» Georges Perec a construit un palindrome de 5 000 mots, vade mecum très utile pour les voyageurs de l'espace. Il commence par « Trace l'inégal palindrome », et vous savez comment il finit... Les Romains connaissaient l'art du palindrome : *Roma tibi subito motibus ibit amor*, signifiant, « À Rome, l'amour, soudain, te viendra par les passions ». Hélas, la traduction d'un palindrome n'est pas un palindrome.

« Ne les approche pas, l'inversion du temps est contagieuse, et tu pourrais revenir dans le passé.

– Serait-il si dangereux de rajeunir, demanda Djirdjis ?

– Inconscient ! Partons vite, et au retour, je te raconterai l'histoire* de Lune-du-Temps, la fille du roi al-Chamandal. »

Le tapis ondula fortement et, dans un soubresaut spatio-temporel, s'éloigna, ce qui ne surprit évidemment pas les Sregnarté qui avaient vu ce départ avant. C'est à l'arrivée qu'ils avaient agité leurs mouchoirs.

« Lune-du-Temps, raconta Khoka light comme il l'avait promis, rendit visite aux Sregnarté pour leur vendre des tableaux anciens, il y a bien longtemps. Elle y aima un de leurs princes qu'elle dénomma Laval ; hélas, le prince vieillit en nourrisson, sénile après l'âge, et Lune-du-temps voulut revenir sur Terre. Elle rempaqueta ses tableaux et réapparut à Bagdad… soixante ans avant sa naissance. Elle avait contracté le retournement du temps : personne ne la connaissait dans le bazar où vivait ses ancêtres.

Elle retrouva après de grands efforts la maison familiale, raconta ses aventures, mais son grand-père resta incrédule. Celui-ci exerçait le métier, considéré et rémunérateur, de bourreau du Calife.

“Tu n'es qu'une courtisane menteuse, affirma-t-il. Tout cela n'est que tromperies et captation d'héritage. Je vais te donner le fouet pour avoir troublé la quiétude d'un honnête fonctionnaire.”

Lune-du-Temps gémissait.

“Mon père, ma mère, que je vous veux de mal de m'avoir donné un grand-père pareil.”

Elle suppliait l'aïeul, lacérant son beau corps de ses ongles.

Détestable, celui-ci restait inflexible.

* Une histoire qui n'a pas de sens.

"Comment, ricanait-il, pourrais-je avoir devant moi une petite fille alors que mon épouse, que le Seigneur la fasse vite féconde, ne m'a pas encore donné de descendant ? J'ai décidé : Lune-du-Temps sera punie, puis vendue à quelque riche marchand."

Lune-du-Temps ressentait la honte l'envahir, puis la colère, puis des doutes quant à l'hérédité de l'intelligence : elle ne pouvait, pensait-elle, descendre d'un aïeul aussi borné ! Elle se saisit, sur une table, d'un poignard que le bourreau d'aïeul utilisait pour couper les pages*, et le lança vers son grand-père au moment où il arrivait, menaçant, sabre levé. Le poignard le frappa en plein cœur et le tua tout net.

Lune-du-Temps s'empara d'un de ses tableaux pour se protéger des projectiles que lui lançaient les serviteurs et s'enfuit dans la rue.

Elle courut, courut, courut et égara ses poursuivants. Où se réfugier, se demandait-elle ? Ivre de fatigue et d'émotion, après avoir longtemps erré, elle s'endormit sur le seuil d'une maison.

« Quel joli tableau ! s'exclama un jeune homme qui était penché sur elle. »

La voix la réveilla et elle rajusta ses vêtements. L'homme était beau et semblait amical. Toutefois, le compliment que Lune-du-Temps avait pris pour le désordre de sa personne s'adressait à la qualité de l'œuvre qu'elle avait posée à côté d'elle.

Ils conversèrent un moment. Lune-du-Temps apprit que son interlocuteur se dénommait Abnous et celui-ci l'invita dans sa demeure. Elle lui raconta son histoire, le voyage dans le temps, son infortune et le meurtre de son grand-père. Abnous était sidéré, compatissant, puis inquiet.

« Je crois ton histoire, affirma-t-il. Mais comment peux-tu vivre après cela ? »

Lune-du-Temps, comme nous l'avons deviné, était de carac-

* Les pages évoqués ici sont les serviteurs juvéniles du saigneur.

tère impulsif. Son teint d'ordinaire délicat prit les colorations de la prune violacée que l'on cultive aux bords de la mer Rouge.

"Mon acte était accidentel et justifié, grogna-t-elle, et je n'ai pas de leçon à recevoir d'un barbouilleur..."

Elle allait continuer quand Abnous l'interrompit.

"Mon propos n'est pas un reproche, mais une interrogation logique. Si tu as tué ton grand-père, avant que sa femme n'ait donné naissance à ton père, comment ce dernier pourrait-il naître, grandir, se marier et enfin t'avoir pour fille ? Ton assassinat était un suicide et, en fait, tu n'existes plus...*"

Lune-du-Temps était perplexe, et elle fondit en sanglots. Abnous tentait de consoler son angoisse existentielle, d'abord sans succès, puis très activement et efficacement, comme cela arrive souvent après d'intenses émotions. Ils préparaient l'avenir en se créant un passé doux et caressant.

Quelques instants plus tard, dans le bon sens du temps, pendant que Lune-du-Temps se reposait, il examina le tableau et poussa une exclamation d'étonnement. Vous avez deviné pourquoi, ô auditeur attentif ! Le tableau était de lui. C'était un tableau qu'il n'avait pas encore peint, que Lune-du-Temps devait vendre lors de son voyage et qu'elle avait ainsi emporté du futur. Abnous avait cependant reconnu sa signature, et sa future facture.

Lune-du-Temps se fit expliquer le second émoi d'Abnous. Pratique, elle trouva la solution.

"Tu n'as qu'à copier, ce tableau, lui dit-elle. Il sera doublement de toi et ce sera ton chef d'œuvre.

– Comment pourrais-je faire cela, se défendit Abnous ? Ce serait un plagiat.

– Tout au plus, un plagiat par anticipation, le tranquillisa-t-elle."

* Jorge Luis Borges résout le paradoxe du temps où un homme revient en arrière dans le temps et rencontre son aïeul en supposant que cette rencontre se passe dans un rêve, où chacun rêve de l'autre.

Abnous obtempéra, mais s'étonnait : voilà un tableau qui ne nécessitait aucun effort de création ! Il suffisait de le copier sur sa réalisation future. Commode.

Lune-du-Temps et Abnous se plaisaient : ils se marièrent et eurent, quelques années plus tard, un fils qui ressemblait beaucoup à sa mère, et d'après les djinns malicieux, au « fils-père » que la femme du bourreau infâme aurait dû avoir si Lune-du-Temps n'avait tué son mari. Ce fils allait, quelque trente ans plus tard, nous le devinons, avoir une fille, qu'il dénomma Lune-du-Temps. »

« Le paradoxe du voyageur dans le temps qui tue son grand-père et donc ne peut exister, a fasciné les auteurs de science-fiction et les physiciens, raconta Schéhérazade. Il est impossible d'envoyer des télégrammes dans le passé, affirmait Einstein, mais il n'avait peut être pas raison : selon certaines théories modernes, le passage au voisinage d'un trou noir permettrait d'inverser le temps. Toutefois, les effets terribles de la gravitation à proximité d'un tel corps céleste interdisent toute application pratique de cette possibilité. Un des problèmes des voyageurs du temps est qu'une fois que vous êtes remonté dans le passé, vous vieillissez avec tout le monde et quand vous avez atteint l'âge où vous remontez dans le passé, vous repartez, et vous recommencez ainsi le cycle… indéfiniment : vous êtes éternel et vous revivez toujours la même chose. »

À ce moment de la narration, Schéhérazade vit apparaître le matin, et, discrète, se tut.

CINQUIÈME NUIT

LE PRÉSENT DU DJINN

Khalibr et Zorah avaient longtemps voyagé, et leurs chameaux* avaient soif. Combien vaste est le désert aux voyageurs ! Ils furent ravis d'atteindre Izmir la scintillante. Ils arrivaient juste à temps pour l'anniversaire du Sultan à qui ils apportaient un cadeau surprise.

Au palais, la fête avait commencé et le son des cithares portait les parfums embaumés des fleurs du jardin. Khalibr et

* Deux bosses.

Zorah se firent annoncer et le Sultan Al-Amine les accueillit avec civilité. Après les salams et les ablutions, le sultan leur fit admirer les présents que lui avaient offerts ses sujets, ses amis, et ceux qui avaient quelque chose à lui demander. Zorah souriait d'indulgence car elle savait que le Sultan, fils d'Hâroun-al-Rachid, était impatient et curieux de connaître le cadeau qu'ils avaient apporté. Elle n'avait pas tort : le Sultan écourta la présentation après leur avoir montré les broderies, les esclaves nubiennes, et un magnifique cheval noir que chevauchait une amazone au torse nu*. Zorah lisait, dans les yeux de Khalibr, la convoitise. Elle supputait que son mari Khalibr aurait voulu, pour le moins, monter le rutilant étalon.

Les serviteurs posèrent deux coffres, leur présent, à l'entrée de la salle.

L'un, transparent, était de verre serti d'or, l'autre d'ébène incrusté de rubis. Al-Amine, les yeux brillants, se dirigeait pour les ouvrir quand Zorah l'arrêta.

« Il faut que tu prennes une décision, ô Sultan bien aimé, et tu ne peux le faire à la légère. Le contenu des coffres que tu ouvriras est à toi, et tu peux ouvrir, soit les deux coffres, soit celui d'ébène seulement, mais... »

Le Sultan s'arrêta net. Les règles d'utilisation de ses présents l'avaient toujours rendu perplexe. Il se souvenait qu'on lui avait offert des appareils provenant du pays du Soleil levant dont il n'avait jamais pu déchiffrer les modes d'emploi. Il se méfiait des facéties de Zorah et ne se décidait plus à la légère dès qu'il pressentait une difficulté opératoire.

Aussi invita-t-il ses hôtes au banquet du soir. Ils pourront, pensait-il, y expliquer tranquillement les règles du cadeau, en présence de mes vizirs avisés qui me guideront dans mon choix.

* Une bosse. Les amazones s'amputaient pour mieux tendre leur arc.

Le festin était riche. Et plantureux. Et long. Dès qu'Al-Amine estima que les règles de la courtoisie avaient été respectées et que ses hôtes étaient repus, il interrogea Zorah du regard. Celle-ci comprit que le moment était venu de s'expliquer. Aussi déglutit-elle précipitamment son loukoum à la violette, et expliqua :

« Nous t'avons, ô puissant prince, apporté deux coffres. Dans celui de verre, il y a mille dinars d'or, comme tu peux le voir. Dans le coffre d'ébène, il y a soit un œuf de diamant finement taillé, soit rien. Le diamant a été placé, ou n'a pas été placé, par le djinn Khoka. Il vaut cent fois plus que mille dinars d'or.

– Et le djinn Khoka maîtrise pleinement l'art divinatoire, continua Khalibr. S'il pense que tu choisiras de n'ouvrir que le coffre d'ébène, il y a placé le diamant fabuleux. Si le djinn pense que tu ouvriras les deux coffres, alors le coffre d'ébène est vide. Tu n'as droit qu'à une tentative. »

Le Sultan avait deux vizirs, toujours d'avis opposé. Interrogés par Al-Amine, le premier vizir fut catégorique.

« Tu dois ouvrir le coffre d'ébène seulement, enjoignit-il au Sultan. Si Khoka, malicieux mais bienveillant, a prévu que tu ouvrirais ce coffre, il y a déposé le diamant. S'il pense que tu ouvriras les deux, il n'a rien mis dans le coffre d'ébène, tu n'auras que les mille dinars du coffre de verre. Ouvre le second.

– Bien sûr, acquiesça Al-Amine. C'est ce que je vais faire, j'y suis déterminé. J'ai vu opérer Khoka des centaines de fois et ses prédictions ont toujours été justes. »

Il se dirigeait vers le coffre noir quand le second vizir l'arrêta :

« Pourquoi cette hâte, mon bon maître ? N'oublie pas que tu gardes toute ta liberté d'action. La décision quant au placement du diamant a été prise il y a longtemps : Khoka l'a mis ou ne l'a pas mis dans le coffret d'ébène, mais il ne peut plus rien y faire. Aussi tu as tout intérêt à ouvrir les deux coffres ; si Khoka a mis le diamant dans le coffre d'ébène tu le gagnes et tu as, de toutes façons, les 1 000 dinars du coffre de verre en surplus. »

Le Sultan était perplexe, car il ne savait ni que penser, ni quel conseil suivre. Était-il parfaitement libre de son choix, indépendamment de ce qu'avait prévu Khoka, auquel cas il devait ouvrir les deux coffres ? Ou, au contraire, si Khoka ne se trompait jamais, devait-il ouvrir le coffre d'ébène pour se saisir du diamant ? Et notre pauvre Sultan allait d'un coffre à l'autre, tel un derviche tourneur, de plus en plus vite, sans pouvoir se décider. Était-ce ce qu'avait voulu Khoka ?

Bien des lunes ont passé sur le palais d'Izmir, et le Sultan hésite toujours : comment pourrait-il se décider ? Il est des cadeaux empoisonnés : *Timeo Danaos et dona ferentes* diront, plus tard dans l'histoire, les Romains des présents grecs, ce que confirmera ultérieurement Jean Buridan, dont l'âne faisait preuve de la même indécision.

« Depuis que le physicien américain Simon Newcomb a posé ce problème en 1960, des centaines d'articles ont traité le sujet, dit Schéhérazade. Sans véritablement le résoudre. La quasi-totalité des personnes qui abordent la question ont une opinion tranchée, la moitié sont catégoriquement en faveur d'une solution, la seconde moitié d'une autre. Si vous pensez que vos actions sont complètement déterminées par une puissance supérieure ou par la nature des choses, vous prendrez le coffre d'ébène seulement. Si vous pensez que vous jouissez d'un minimum de libre arbitre, vous prendrez les deux coffres. Le problème se résume à une croyance : pensez-vous qu'une intelligence supérieure sait ce que vous allez faire sans que vous puissiez interférer avec sa connaissance. Les partisans du déterminisme pensent que nous avons autant de liberté qu'une statue... et que la statue a l'immense avantage de ne pas penser.
Pour stigmatiser la stupidité des tenants du déterminisme, le philosophe Jean Buridan (1300-1366 ?), recteur de l'Université de Paris, plaçait un âne affamé et assoiffé à égale distance entre une botte de foin et un seau d'eau. L'âne ne disposant d'aucun élément "déterminant" lui permettant de commencer par l'eau ou par le foin, se laisse dépérir entre les deux. Un minimum de libre arbitre lui aurait fait commencer par l'un ou par l'autre. Nous réexaminerons la question, continua Schéhérazade, mais je dois mentionner que le philosophe Gottfried Leibnitz (1646-1716) pensait que nous vivions dans le meilleur des mondes possibles et qu'il était impossible de l'améliorer : toute rectification d'une erreur qu'aurait pu commettre le créateur entraînerait des changements pires. Les visions de certains écologistes ne sont pas très éloignées de celles de Leibnitz. »

À ce moment de la narration, Schéhérazade vit apparaître le matin et, discrète, se tut.

SIXIÈME NUIT

LA LONGUE MARCHE

Les explorateurs étaient harnachés. Ils s'étaient rendus dans la clairière d'où partaient tous les chemins ; l'un d'eux menait au Château radieux où vivait la princesse Gotha, mais ils ne savaient lequel. La princesse n'appréciait guère d'être condamnée à résider dans une bibliothèque, aussi riche soit-elle de magnifiques ouvrages*, jusqu'à ce qu'un fils de roi lui rende visite. Le plus beau livre était le livre de la sagesse

* Selon le bibliophile Joël Martin, on y empilait les incunables.

écrit par le subtil Pareto. Chahmazane le roi collectionneur voulait s'en procurer une copie. Aussi la troupe des explorateurs était-elle composée de scribes, de mathématiciens, de philosophes, du logicien Giaffar, et du fils de Chahmazane, Soleil de printemps.

Le djinn Ibliss les accompagnait, car il connaissait la répartition de la longueur des chemins. L'un d'entre eux, d'une longueur épuisante au marcheur, menait jusqu'à la lointaine frontière du royaume : ceux qui l'empruntaient ne revenaient pas. Parmi les autres, certains étaient courts, d'autres de longueur moyenne, d'autres longs. La forêt était dense et l'on ne distinguait pas la longueur du chemin que l'on empruntait. Quand on avait la chance d'avoir pris un bon chemin, on ne distinguait le château qu'à quelques centaines de mètres de son portail ouvragé.

Quel chemin choisir, s'interrogeaient les explorateurs et les bibliophiles ?

« Prenons n'importe quelle route, conseilla Giaffar, et voyons où elle mène*. »

Les deux premiers essais furent infructueux et les explorateurs étaient désappointés : les deux premiers chemins étaient des boucles qui ramenaient au point de départ, la clairière. Ils s'aventurèrent sur un nouveau sentier après s'être réapprovisionnés en eau, vivres et courage.

« Nous marchons depuis longtemps, remarqua Soleil de printemps. Nous devrions bientôt trouver le Château radieux.

– Peu probable, lui répondit Giaffar.

– Et pourquoi cela, Monsieur, si nous avons beaucoup marché, il est probable que nous sommes près de la fin, s'étonna Soleil de printemps.

* Un intellectuel assis progresse moins qu'un imbécile qui marche, pensait Michel Audiard. C'est le principe d'indifférence : quand on ne sait quoi faire, il faut choisir au hasard et surtout... agir.

– Hélas non, gémit Giaffar. Si nous avons marché longtemps, cela signifie aussi que nous ne sommes pas sur l'un des trajets courts dont nous aurions déjà vu le bout, mais sur un des sentiers très longs. Plus nous avons marché, plus en moyenne, il nous reste de chemin à faire…

– Exact, soupira Ibliss. La répartition particulière des longueurs des chemins à notre disposition est l'œuvre du mathématicien Pareto dont nous voulons récupérer l'ouvrage. Elle est telle que si vous avez marché pendant trois jours, il vous reste, en moyenne, cinq fois autant de chemin à parcourir…

– La longueur moyenne des chemins qui sont plus longs que le trajet que vous avez déjà fait est proportionnelle à la longueur déjà parcourue… confirma Giaffar. »

Les philosophes s'épongeaient et certains, peu habitués aux efforts physiques, se massaient les reins sur le petit sentier*.

« Revenons sur nos pas, s'exclamèrent les porteurs, nous avons trop marché et donc le chemin doit être très long. Si nous continuons, la longueur du chemin probable va encore augmenter et nous serons à court de provisions.

– Voire, s'exclama Soleil de printemps. Peut-être sommes-nous déjà sur le chemin de retour si nous parcourons une boucle. »

La clameur des éclaireurs les fit taire : ils venaient d'apercevoir les tours dentelées du Château radieux, leur incertitude était à son terme.

La vaste salle du Château radieux était toujours préparée pour accueillir les visiteurs, trop rares au goût de la princesse Gotha. Ils purent se restaurer et reposer leurs membres fatigués par leur longue marche. Pendant qu'ils récupéraient de leurs émotions, les scribes copiaient le manuscrit et Gotha buvait les paroles de Soleil de printemps qui lui décrivait les hésitations de leur voyage.

* En particulier notre bibliophile cité plus haut.

« La prévision la plus logique était la plus mauvaise, mon cher Soleil : c'est au moment où vous aviez toute raison de rebrousser chemin, car la longueur du chemin probable à parcourir était la plus grande, que vous avez vu notre château.

– Ainsi est la vie, remarqua Giaffar. Il est beaucoup de situations semblables. »

« La morale, en ce qui concerne les marcheurs, est qu'il faut persévérer, et que le dernier quart d'heure est le plus pénible. Le mathématicien français Benoît Mandelbrot m'a raconté cette histoire, dit Schéhérazade, et indiqué son universalité. La loi de répartition des chemins, une loi de Pareto, apparaît aussi dans la répartition des revenus. Plus vous gagnez d'argent, plus l'écart entre votre revenu et la moyenne de ceux qui gagnent plus que vous est important. Décourageante situation pour les envieux ! La répartition des cours de la Bourse suit la même loi de Pareto : c'est quand on est dans une phase où on a le plus de chance de gagner de l'argent avec une valeur qui n'a cessé de monter, qu'elle chute soudain... »

À ce moment de la narration, Schéhérazade vit apparaître le matin, et discrète, se tut.

SEPTIÈME
NUIT

LES TRANSFORMATIONS DU MONDE

Irvana était heureuse, bien sûr. Comment aurait-il pu en être autrement ? Ses serviteurs étaient fidèles, son mari juste et généreux, sa richesse solide, et le roi Chahzamane, son père, plus truculent collectionneur que jamais. Hélas, la satisfaction amène de l'ennui : on ne peut plus désirer ce que l'on possède déjà, pensait Irvana. Un désir comblé est une perte. De nature romantique, elle aspirait à… l'insatisfaction des désirs non comblés. Alanguie et l'esprit embué par le paradoxe, elle caressait d'une main distraite les deux jeunes chiens qui jouaient près de sa couche.

Le djinn Ibliss apparut dans un éclair mauve.

« Je sais à quoi tu penses, s'écria-t-il avec malice. Tu te demandes si ce chien pourrait se transformer en prince charmant ? »

Irvana rougit : le djinn pouvait lire dans sa pensée. Il pouvait, se disait-elle inquiète, y lire des désirs autrement compromettants. Elle protesta :

« Je ne souhaite pas transformer ce chien, je me demande si cela est possible ! Tu as lu comme moi, impertinent Ibliss, les histoires de chiens qui se transformaient en dragons, de grenouilles qui devenaient de belles princesses dans le lit des princes*.

– C'est surtout ce que les princes racontent à leur épouse quand ils sont surpris, sourit Ibliss. Les animaux se transforment, mais pas si vite, et pas comme cela. »

Irvana était intéressée.

« Parce qu'ils se transforment, demanda-t-elle ?

– Eh oui. Tu ressembles à ton père, ma chère Irvana, sauf pour ce qui est du gros nez poilu. Chacun ressemble à ses parents, mais, de temps en temps, une petite différence** apparaît. Ces minuscules transformations s'accumulent pour donner des espèces nouvelles, quand elles favorisent la survie de l'individu. Le chien et toi avez le même ancêtre, qui vivait il y a longtemps, il y a plus de cent millions d'années, poursuivit Ibliss.

– Je voudrais bien voir cela, je ne suis pas de la famille de ce sale cabot. »

* Les crapauds embrassés par les jeunes filles courageuses se transformaient en prince charmant. Selon le principe de Murphy, il faut embrasser beaucoup trop de crapauds pour en transformer un en prince, et la tradition s'est perdue.

** Tous les gens sont différents, et, en cette caractéristique, ils sont tous semblables.

Et elle lui donna une petite tape sur le nez. L'animal émit un jappement et, croyant à un jeu, mordilla sa maîtresse*. Deux gouttes de sang perlèrent sur la peau diaphane d'Irvana.

D'un souffle léger, Ibliss guérit la blessure et, d'un froncement de sourcil, chassa les chiens.

« Si tu veux, Irvana, partons pour un voyage, remontons le temps, et voyons comment les animaux ont évolué.

– Pas les chiens. Je ne m'intéresse qu'à mes ancêtres, remarqua Irvana.

– Tous les mammifères ont les mêmes ascendants, belle Irvana. »

Un rictus boudeur déforma les lèvres pulpeuses d'Irvana. Elle regrettait, en dépit d'appâts dont elle tirait le plus grand avantage, son appartenance aux mammifères.

Elle aurait voulu mettre la question sur le tapis, mais celui-ci survolait déjà le monde tel qu'il était il y a une centaine de millions d'années.

Dans les savanes aux fougères géantes se pavanaient lentement les dinosaures. Nos deux voyageurs observaient ce qui sera plus tard la Mongolie, et Ibliss admirait les Protoceratops couvant leurs œufs.

« Les dinosaures sont ovipares, expliqua Ibliss, les parents transmettent la vie par les œufs, voila pourquoi ce ne sont pas nos ancêtres, parce que nous sommes vivipares. Regarde comme les parents Protoceratops sont touchants : ils apportent de la nourriture à leurs enfants frais éclos. »

Irvana éprouvait peu d'attirance.

« Sont-ils gros, grands et hideux s'exclama-t-elle ! Ils sont tous si également laids que je me demande comment ils peuvent se reconnaître… et s'aimer, ajouta-t-elle.

* On est toujours trahi par les chiens.

– Je suis certain qu'il s'en trouve d'attirants pour leurs congénères, sinon ils ne se reproduiraient pas, nota Ibliss. Vois-tu là, sur le sol, courir le Cimoleste* ?

– Cette espèce de petit rat ventru ?

– C'est, belle Irvana, ton ancêtre direct, un des premiers mammifères. »

Irvana fit la moue. Elle lissa sa robe avec satisfaction et Ibliss lut dans son regard qu'elle pensait que les mammifères avaient esthétiquement progressé. Elle s'exclama :

« Le gros dégoûtant ! Regarde ce Tyrannosaure : il vient d'engloutir le Cimoleste...

– C'est le plus grand, on l'appelle *Tyrannosaurus rex*. Il est carnivore.

– Il n'en est que plus répugnant. Partons. »

Ils suivirent le déroulement normal du temps, mais en accéléré, et arrivèrent à 66 millions d'années avant le présent. La Terre était alors en piteux état. Les volcans crachaient leurs flammes sans interruption, une météorite avait secoué la croûte terrestre, les cendres obscurcissaient l'atmosphère : il faisait très froid. L'herbe était rare et, avec l'accélération du temps, nos deux héros voyaient les dinosaures disparaître de la faune. Ces animaux ne pouvaient survivre dans des conditions aussi rigoureuses.

« Bon vent les dinos, s'écria Irvana, on ne vous regrettera pas. Disparaissez à jamais !

– Les dinosaures existent encore parmi nous, objecta Ibliss, ce sont les oiseaux. L'oiseau Roc, qui te transporte lors de tes fugues, est un descendant des dinosaures. »

Irvana pâlit : Ibliss était au courant de tout. Aussi changea-t-elle de sujet :

« Je ne reconnais pas notre bonne ville de Samarkand, je ne vois même pas l'Inde !

* Un alexandrin blanc !

– Le monde, qui s'étend bien loin au-delà des monts Qaf*, a bien changé depuis cette époque, et l'Inde était, il y a 60 millions d'années, encore proche de l'Afrique. Nous verrons cela un autre jour. Vois-tu, là bas l'Australie, qui se détache lentement de l'Antarctique ?

– Là, les dinosaures se portent mieux, hélas... »

La commisération n'était pas la qualité première d'Irvana.

Ils furent frôlés par l'aile puissante d'un Ptérosaure au vol lourd pendant qu'ils s'approchaient d'un Hypsilophodontidé qui les regardait de ses immenses yeux globulaires**.

« Dans cette partie du monde, les animaux se sont habitués au froid et à l'obscurité des longues nuits polaires. C'est pour cela que les Hypsilophodontidés ont de grands yeux. Ainsi résistent-ils mieux aux ténèbres dues aux poussières qui masquent le Soleil. Mais ces derniers dinosaures sont en sursis : dans quelques millions d'années ils auront, eux aussi, disparu.

– Et nous autres mammifères, allons les remplacer, remarqua Irvana, versatile et fiéraude.

– Exactement. Vous autres mammifères, allez prospérer et vous multiplier dans les dizaines de millions d'années qui suivent l'extinction des dinosaures. Néanmoins les rongeurs et les insectivores prospérèrent plus, en termes de diversité d'espèces, que les primates, ta famille, ajouta ce moqueur d'Ibliss. »

Irvana interrogea le djinn :

« Et quels étaient les ancêtres des djinns, mon bon Ibliss ? »

Ibliss rougit de plaisir. Irvana s'intéressait à sa petite personne et à son ascendance.

* Note culturelle : les limites supposées de la Terre à l'époque.

** Les naturalistes finalistes ne s'étonneront pas qu'il ait des trous dans la peau juste en face des yeux. Le finalisme se teintait d'anthropomorphisme : Bernardin de Saint-Pierre aurait expliqué que la Nature avait donné aux puces le goût des surfaces blanches, pour que nous puissions les découvrir plus facilement quand nous leur faisons la chasse.

« Nos ancêtres sont les esprits dont les premiers hommes imploraient l'aide, les esprits de la chasse et de la pêche. Nous existons dans les cerveaux des hommes. Nos avatars, nombreux, sont les elfes et les korrigans de la lande celtique, les dragons de l'Empire du milieu, les manitous invoqués par les Indiens d'Amérique, les experts financiers qui, dans le monde capitaliste, prétendent prévoir les cours de l'économie.

– Les hommes croient que vous savez ce qu'ils ignorent, c'est cela votre adaptation favorable, s'écria Irvana. Ainsi, vous êtes éternels !

– Du moins dans l'esprit des hommes, ajouta modestement Ibliss. »

À mesure que le tapis se rapprochait du temps présent, Irvana voyait l'évolution animale et végétale, mais elle n'en discernait ni la cause, ni le mécanisme. Elle allait interroger Ibliss quand le tapis se posa dans la cour du palais. Là, les chiens lui firent fête et Adjib exprima sa joie de la revoir.

« J'ai une formidable histoire de chasse », lui dit-il, tout excité, en dévoilant des blocs de pierre.

« Ma flèche a raté le sanglier et a frappé le rocher, où j'ai découvert ces empreintes d'os. Quel animal fabuleux ! Qu'en penses-tu Irvana ?

– *Tyrannosaurus rex,* répliqua-t-elle, péremptoire. »

« L'ancêtre commun à Irvana et aux dinosaures vivait il y a 300 millions d'années environ : c'était un animal qui ressemblerait à un lézard actuel, confirma Schéhérazade. Les mammifères sont apparus à la fin de la période dénommée Trias, il y 205 millions d'années, à peu près en même temps que les dinosaures. Ils étaient si nombreux qu'ils ont laissé un grand nombre de fossiles et qu'ils servent aujourd'hui de fossiles stratigraphiques : leur présence permet de dater les couches de sédiments. Les mammifères se distinguent des reptiles mammaliens par la réunification de la mâchoire en un os unique, et l'apparition de deux osselets de l'oreille. Ainsi les mammifères ont longtemps cohabité avec les dinosaures, et il est avéré que leur explosion a coïncidé avec la disparition de ces derniers.
Hélas, une coïncidence n'indique pas toujours une relation de cause à effet : un statisticien avait remarqué qu'après guerre la croissance de la population alsacienne coïncidait avec l'augmentation du nombre des cigognes. Une légende semblait ainsi accréditée. En réalité, il s'agit souvent d'une cause en amont qui amène les deux phénomènes : en Alsace, le retour des maris et du bien-être économique. On peut agir sur la cause commune pour modifier ses conséquences, mais il est inutile d'agir sur un des phénomènes corrélés pour modifier l'autre. Ce ne sont pas les cigognes qui apportent les nouveau-nés... »

À ce moment de la narration, Schéhérazade vit apparaitre le matin, et discrète, se tut.

HUITIÈME
NUIT

LA DÉCOUVERTE DU PREMIER OISEAU

Le palais bruissait de paléontologues. Le roi Chahzamane s'était évidemment intéressé à la découverte d'Adjib et avait dépêché des archers sur tout son vaste territoire. Ses soldats tiraient des flèches dans toutes les directions et, comme l'avait fait Adjib, découvraient quelquefois des restes fossiles qu'ils rapportaient au palais. Le roi avait commencé une nouvelle collection. Certaines traces sur la roche ne ressemblaient à aucun animal connu, mais elles représentaient, sans doute possible, les animaux qu'avaient observé Irvana et Ibliss lors de leur voyage.

« N'est-il pas étonnant que certains animaux aient disparu ? s'interrogeait le grand chambellan.

– Tout aussi étonnant que d'autres soient apparus, remarqua Adjib.

– L'un ne va pas sans l'autre, ricana un paléontologue évolutionniste. »

Un grand remue-ménage et des éclats de voix interrompirent leur conversation philosophique. Une cohorte bigarrée déboucha devant l'assemblée abasourdie. Un nouveau fossile avait été découvert ! L'Émir de la province où avait eu lieu la découverte marchait pompeusement devant, le paysan Abnoûs suivait en s'accrochant à la toile enveloppant la roche, et le paléontologue Barhâme*, apoplectique de contentement et d'excitation, allait de l'un à l'autre pour expliquer ses théories.

« Préparez mon habit de fête avec ses chamarrures, je vais avoir le prix de Stockholm, hurlait-il, j'ai découvert le premier ancien oiseau. »

Chahzamane leur fit servir des rafraîchissements et quelques friandises. Quand le calme fut revenu dans le palais, ils déballèrent l'objet.

« Voyez-vous sur ce fossile de reptile volant, dit Barhâme, les traces de plumes autour des pattes ? C'est bien un oiseau. Un très vieil oiseau.

– Comment sais-tu qu'il est ancien, interrogea Chahzamane ?

– D'après l'endroit où je l'ai trouvé, affirma Barhâme. Dans cette roche calcaire très ancienne, qui s'est déposée il y a une centaine de millions d'années. Quelle découverte ! À moi les honneurs, la gloire, le Nobel, l'Académie, les rubans, les mécénats industriels. Ma vieillesse sera heureuse car le riche gendre que convoitait ma fille va accepter de l'épouser…

* Célèbre paléontologue finaliste qui avait prouvé que les pattes des dinosaures avaient juste la bonne longueur pour atteindre le sol.

– Le terrain est sous ma juridiction, l'interrompit l'Émir, le fossile est à moi. Je vais créer un musée auquel je donnerai mon nom. Un peu de gloire aidera ma famille, car je dois marier ma fille…

– C'est mon rocher, glapit Abnoûs, je ne vous l'ai pas donné. J'ai l'intention de le vendre très cher, ô roi juste et ami du pauvre. J'ai des frais de gestion qui augmentent, et il me faudra bientôt marier ma fille. »

Le problème juridique était délicat. Chahzamane n'était pas loin de penser que le fossile lui appartenait tout naturellement. Diplomate, il changea de sujet.

« La science d'abord, intima-t-il à ses sujets ergoteurs. Explique-nous, savant Barhâme, l'histoire de l'oiseau.

– De mon oiseau, rectifia Abnoûs.

– Durant le trajet jusqu'à votre palais, sire, et en dépit des criailleries de ce rustre, j'ai reconstitué l'histoire de l'animal que nous appellerons Archéoptéryx. L'oiseau était un cousin d'un petit dinosaure coureur, *Compsognathus*, dont vous avez un fossile dans la deuxième salle de votre palais. Archéoptéryx était un bon coureur qui montait aux arbres : l'aspect griffu de sa patte indique son aptitude à s'agripper aux branches. Arrivé au faîte des arbres il s'élançait en vol plané, aidé de quelques battements d'ailes, vers le sol. D'où l'avantage d'avoir des plumes. »

L'astrologue du palais intervint. Il regrettait de ne plus être le seul savant écouté. La peste des paléontologues vedettes, maugréait-il. Il manifesta son scepticisme et sa rancœur.

« Ces cuistres vous trompent, déclara-t-il au roi. Ils ont collé une plume sur un fossile quelconque pour se rendre intéressants. C'est un faux !

– La jalousie vous égare, affirma Barhâme. L'évidence scientifique est là, et coller une plume serait trop délicat pour égarer les paléontologues distingués. Cela fait trop longtemps que j'attends la preuve d'une plume* pour que je sois trompé. »

Chahzamane s'irritait des discussions stériles. Son astrologue, pensait-il, s'intéressait plus à sa conception du monde qu'à l'évidence scientifique.

« Comment ces plumes sont-elle apparues, demanda-t-il à Barhâme ?

– Ce sont des transformations des écailles des reptiles. Comme vous le savez, noble commandeur des croyants, des erreurs apparaissent quelquefois lors de la reproduction des animaux. Quand ces erreurs apportent un avantage à leurs possesseurs, ceux-ci échappent aux prédateurs. De plus, ils se nourrissent mieux. Aussi se reproduisent-ils plus abondamment et plus forts, leur lignée se perpétue**.

– Tout de même, la transformation de l'écaille en plume est un gros changement, remarqua l'astrologue. La finalité d'une telle transformation est difficile à imaginer, même s'il est possible que les plumes, avant que les animaux ne volent, aient servi à préserver leur chaleur. »

Irvana assistait, passionnée, à la conversation. Elle reconstruisait son voyage à travers le temps durant lequel elle avait vu tant d'animaux fabuleux. Un point la tracassait.

« Et pourquoi la lignée des dinosaures s'est-elle éteinte ?

– Parce que l'environnement a changé et qu'ils n'ont pas eu le temps de s'adapter, intervint Ibliss. En revanche, les petits mammifères se sont diversifiés et ont prospéré, pour donner finalement ce merveilleux résultat de l'évolution, cette merveille de la Nature, Irvana. »

Devinez qui était ravie ? Et fière ! L'astrologue lui gâta sa joie.

* La plume de l'attente.

** La loi du plus fort est un argument pour maintenir le statut social des nantis. Mais quel plus fort ? Les universitaires pensent que leur position prestigieuse est justifiée par leur intelligence supérieure, les riches propriétaires qu'ils ont un sens aigu du commerce, etc. Tous confondent conjoncture favorable et compétence supérieure.

« Et pourquoi l'environnement a-t-il changé ? demanda-t-il.

– Sur ce sujet, la lutte entre scientifiques est âpre. C'est tout juste s'ils n'en viennent pas aux mains. Certains pensent qu'une météorite a frappé la Terre et que le choc a entraîné d'énormes incendies et de formidables nuages de poussières. D'autres éminents chercheurs sont tout aussi affirmatifs : c'est une gigantesque éruption volcanique, disent-ils, qui a envoyé des nuages de cendres dans l'atmosphère.

– Et chacun, preuves à l'appui, maintient sa vérité, affirma Ibliss. Mais je connais la vraie cause car je l'ai vue en remontant le temps. En fait, c'est… »

Un tonnerre se fit entendre et Damrivate, le chef des djinns, apparut.

« Reste silencieux, bavard Ibliss, les hommes devront percer tout seuls ce mystère. »

« Au milieu du XIXe siècle, le naturaliste Charles Darwin expliquera comment se développent les espèces, nota Schéhérazade. Selon Darwin, le mieux adapté survit. Quelle est alors la définition du plus adapté ? Ce n'est ni le plus fort, ni le plus intelligent, car, du moins chez les humains, la faiblesse et la stupidité règnent partout en maîtresses. Le mieux adapté serait une caractéristique des gens qui survivent. Alors le darwinisme se résumerait à ce que le plus apte à survivre soit celui qui survit, a dit Charles Fort. L'examen des mutations de l'ADN et de ses effets sur les fonctions des organismes a permis de sortir de ce cercle vicieux. »

À ce moment de la narration, Schéhérazade vit apparaître le matin, et discrète, se tut.

NEUVIÈME NUIT

LA DERNIÈRE DES DERNIÈRES

Tout était prêt pour la représentation, une bouffonnerie en plusieurs chants intitulée : *La dernière des dinosaures.* La cour était groupée autour du roi, qui avait annexé deux sièges pour lui tout seul. Les autres membres de la cour étaient assis sur des gradins inconfortables, comme il est malheureusement de règle dans les spectacles culturels. Les saynètes scientifiques étaient rares à la cour, et l'assistance attendait, pantelante.

Enfin les acteurs récitants firent leur entrée. L'actrice jouant la dino avait un costume vert d'eau pailleté d'or du plus beau moulant.

La dino
J'suis la dernière des dinosaures,
Car celui que mon cœur adore,
S'en est allé dans l'au-delà,
Avant de m'faire un p'tit. Voilà.

Chœur des vierges (air de *La reine Pomaré*)
La dino, la diva, la dino ouah, ouah.
Tagadi gadou pan pan la riflette !...

La dino
J'ai vu tous mes enfants périr,
Et ma tribu se dégarnir.
Ma chère espèce est menacée,
Faudrait que j'trouve à copuler.

Chœur des juristes-écolos
Que c'la lui serve de leçon,
Tout être en voie d'disparition,
Doit obtenir dédommagement,
Et demander un règlement.

Les crocodiles
Nous sommes les crocodiliens,
*Qui survivent dans c'temps d'pré-chien**
Viens t'reproduire, belle dino,
*Nous t'aimons bien, tu as l'sang chaud**.*

* Le chien, un mammifère, n'était pas contemporain des dinosaures.

** La température du sang des dinosaures est objet de controverses.

La dino
Mais je n'aime pas les crocodiles,
D'écailles puantes, d'haleine fétide,
Ils me répugnent, ils sont trop laids,
Et bêtes en plus, ces gros benêts.

Les crocodiles
Nous survivrons dans le tertiaire,
Nous vivrions même en enfer,
Et notre espèce continuera,
Alors que tu disparaîtras.

La dino
Touchez même pas ma carapace,
À votre vue mon cœur se glace,
Je ne suis pas votre Scarlett,
Et j'veux mon tyrannosaur' Rhett.

Chœur des vierges
Il était grand, il était beau,
Il sentait bon le sable chaud,
Et elle l'avait bien dans la peau,
L'tyrannosaure…

La dino
Pourquoi aimerais-je l'alligator,
Je ne suis pas une verbivore,
Et ne conjugue pas l'verbe aimer,
Pour l'seul plaisir de procréer.

Les crocodiles dévorés d'inquiétude
Le météore, il fond sur elle,
C'est bien fini, la bagatelle,
Nous partageons son triste sort,
Nous n'aurons pas de crocosaures.

Sur cette chute, le spectacle se termina.

« Intéressantes ces saynètes paléontologico-historiques, remarqua Chahmazane, et quel message social ! J'ai apprécié la jeune première, La dino. Je ne comprends pas que les crocodiles ne puissent la persuader. Leur cerveau reptilien serait-il insensible à l'esprit des formes ?

– Une cabotine, une traînée des théâtres de province, s'écrièrent ensemble Irvana et Laab.

– Et les crocodiles qui veulent préserver l'espèce des dinosaures, poursuivit le paléontologue ! Que d'invraisemblances ! Ils sont d'espèces différentes, donc ne peuvent avoir de descendants viables. Leur copulation n'aurait servi à rien.

– En fin de compte, pourquoi les dinosaures ont-ils disparu, s'enquit Laab ?

– Parce qu'ils étaient trop gros, trop grands, trop bêtes, affirma Irvana.

– Mais non, encore une erreur, bondit le paléontologue. Une espèce ne disparaît pas toute seule. Au contraire, elle ne cesse de s'améliorer avec le temps. Une espèce s'éteint quand les conditions extérieures changent, et que les animaux qui la constituent ne peuvent s'adapter à un nouvel environnement.

– Alors pourquoi les crocodiles ont-ils survécu, et comment pouvaient-ils se nourrir, demanda Zéphyr de l'adolescence ?

– Nul ne le sait. Sur ce point la paléontologie est muette. »

La jeune actrice qui jouait la dino vint présenter ses respects au roi. Elle se dégagea de la horde d'admirateurs et minauda quelques compliments appuyés au roi qui la regardait d'un œil concupiscent.

« Dieu qu'elle est bête ! C'est insupportable, murmura Laab. Hélas, les vieux crocodiles aiment la chair fraîche. Notre bon roi voudrait-il, par ses activités reproductrices, sauver l'espèce des dinosaures ? »

« Les crocodiliens appartiennent à la sous-classe des reptiles, les Archosauriens, énonça Schéhérazade. Les dinosaures et les ptérosaures (reptiles volants) appartiennent aussi à cette classe. Ces reptiles sont apparus il y a deux cents millions d'années. Les fossiles des crocodiles sont abondants et ce furent les premiers fossiles étudiés par les paléontologues. Les gavials et les alligators étaient très abondants en Europe, il y a 20 millions d'années et disparurent il y a 5 millions d'années, car le climat de l'Europe était devenu beaucoup plus froid et sec. Aujourd'hui les crocodiliens sont menacés par l'Homme qui les chasse pour leur peau. Il faudra choisir entre les sacs à mains et les derniers représentants des reptiles archosauriens... »

À ce moment de la narration, Schéhérazade vit apparaître le matin, et discrète, se tut.

DIXIÈME NUIT

LES JEUX DE L'AMOUR

Zéphyr de l'adolescence était d'humeur boudeuse. Sa mère Irvana l'avait habillée de soie et de brocart car le puissant Haroun al-Rachid, sultan de tous les sultans, leur rendait visite. Zéphyr devait faire sa révérence et réciter une petite poésie à la fin du repas. Qui traînait. La perspective de la récitation l'amenait aux bords des larmes.

« Toutes les poésies sont pareilles, marmonnait-elle. Toujours les mêmes récits de rois qui aiment les princesses, lesquelles finissent par aimer les princes. Les différentes variantes amenant l'abandon final de la femelle, mon professeur appelle cela une étude psychologique. Un bien grand mot. Et en plus mon histoire, dans ma poésie, elle est encore plus embrouillée que d'habitude. »

Il est vrai que les répétitions avaient été interminables et Irvana particulièrement tyrannique dans ses conseils. Elle avait été jusqu'à intimer à sa fille d'être plus spontanée*. Les djinns de la patience n'avaient pas soufflé sur le berceau de notre Zéph. Elle était souvent colère, et, par éclair, fine critique.

Le jour de gloire était arrivé. Sa mère la fit appeler. De la porte, Zéphyr ouvrit le battant** d'une poussée du pied rageuse. Avec sa robe elle marchait comme un canard, et son salam fut assez gauche. Sur un signe bienveillant de l'Émir des croyants, elle exécuta sa poésie d'une traite.

Le prince Cédakor aime Âme savoureuse,
Mais la charmante enfant a un autre désir,
Elle brûle pour Abou'l de grande ardeur fiévreuse,
Lequel est insensible à ses nombreux soupirs.
*Hélas, hélas, hélas. (bis)****
*Car Il voudrait séduire, la jolie Rimamour*****,*
Qui vit très pauvrement car elle refuse l'or
Que lui propose Aboul. La belle aime d'amour,
Vous l'avez deviné, le prince Cédakor.
Hélas, hélas, hélas. (bis)

Un peu essoufflée, elle s'arrêta brusquement, le cerveau vidé par cette chaîne d'amours déçus. Elle estimait son devoir accompli.

* La spontanéité ne s'improvise pas.

** Le cœur de même.

*** (N.D.T.) Le plus bel alexandrin de la langue persane, avec césure, hémistiche, et rimes internes, parfaitement rendu à la traduction.

**** Le poète choisit avec discrimination et opportunisme la rime et le prénom.

Elle allait s'esquiver quand, Haroun al-Rachid, aimable et souriant, la félicita et la fit approcher. Elle se dandina vers lui.

« Que penses-tu de cette histoire ? lui demanda-t-il.

– Ma mère l'apprécie ; moi je la trouve imbécile. La solution est claire : ils n'ont qu'à vivre tous ensemble. Et en plus, comme d'habitude, cela finit bien. De l'eau tiède.

– Comment cela, cela finit bien ? interrogea l'Émir, assieds-toi pour me l'expliquer. »

Avec sa robe empesée, elle eut quelques difficultés. Elle raconta rapidement.

« Les amis des amis sont des amis. Si Cédakor aime Âme savoureuse, laquelle aime Abou'l, Cédakor aime Abou'l. Comme Abou'l aime Rimamour, Cédakor qui aime Abou'l, aime Rimamour, et comme elle l'aime aussi, tout se finit bien. Ils vont se marier. Et hop. Et c'est vrai pour les autres aussi, car le raisonnement est circulaire. »

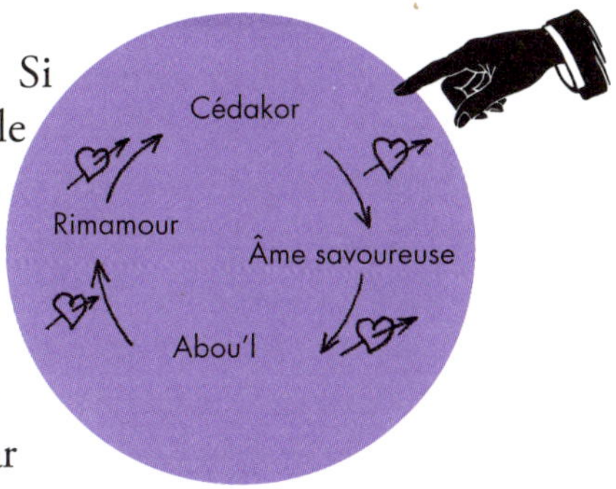

Elle fit mine de partir. Irvana la foudroya du regard… l'Émir était amusé.

Il s'adressa à Irvana.

« Délicieuse et intelligente, mais piètre logicienne. La relation d'amour n'est pas transitive.

– Comme vous dites bien, Prince, confirma Irvana, qui avait l'ignorance conciliante.

– Laissez-moi vous expliquer la non-transitivité, l'interrompit Haroun. Si A aime B et si B aime C, il n'est pas du tout sûr que A aime C. Supposez, chère Irvana, que vous m'aimiez et que vous profitiez de l'absence de votre mari (que vous aimez) pour me le prouver. Je doute qu'Adjib m'aime après cela. »

Irvana resta silencieuse. Était-ce une proposition ?

Zéphyr ergotait :

« Mais il en est ainsi de la plupart des qualités, Haroun-el-Rachidinet*. Si j'ai plus d'argent que toi, et que tu as plus d'argent que mon père, alors j'ai plus d'argent que mon père. Je suis plus grande que ma sœur, et ma sœur est, évidemment de plus grande taille que le dernier bébé de maman, alors je suis plus grande que ce nourrisson braillard. »

Zéphyr se donnait toujours le beau rôle.

« Tout n'est pas ainsi, lui assura Haroun. Dans ton jeu feuille, pierre, ciseau, la feuille bat la pierre, car elle la recouvre. La pierre casse le ciseau. Mais c'est le ciseau qui bat la feuille. Ici, la règle du jeu n'est pas transitive. »

Zéphyr resta muette de saisissement intellectuel.

Entre temps, Adjib était enfin revenu de la chasse, crotté, le teint vermeil, et repentant. Le regard insistant d'Irvana lui reprochait son absence. Aussi prit-il part à la conversation.

« Le roi de Khourasane, en Perse, m'a raconté une histoire semblable. Ce roi puissant gouvernait les destinées d'innombrables contrées des sept climats. Innombrables étaient les pays qu'il avait rassemblés sous son sceptre.

– Au fait, lui intima l'impatiente Zéph.

– J'y viens. Il demanda aux femmes de son harem surpeuplé de choisir une nouvelle résidence. Les palais d'Arbalane (A) et de Bensour (B) étaient vastes et disponibles. Les concubines votèrent entre les deux palais et choisirent Bensour. Puis le roi hérita du château de Crimsir (C) et il leur proposa de choisir démocratiquement entre Crimsir et Bensour. Les femmes préféraient Crimsir. Elles allaient déménager pour Crimsir quand l'une d'elles demanda un vote entre Arbalane et Crimsir. Et Arbalane obtint la majorité. Le roi était perplexe : quelle résidence choisir ? B préféré à A et C préféré à B n'implique pas que C soit préféré à A.

* Les diminutifs allongent les mots !

– C'est une des difficultés de la démocratie, conclut Haroun al Rachid*.

– Ou du harem. Ne serait-il pas préférable de se contenter d'une femme aimante et fidèle ? dit Irvana. J'espère qu'Adjib n'aura jamais ces préoccupations.

– Non, parce que je n'ai pas trois palais à disposition, répondit Adjib. »

« Les travaux de Condorcet sur les votes ont été repris par les mathématiciens, notamment Kenneth Arrow, expliqua Schéhérazade. En 1951, Arrow établit une liste de cinq axiomes qui devaient être satisfaits par tout système de vote raisonnable. Il montra ensuite que, dans certains cas, une au moins de ces conditions n'étaient pas remplie, et qu'il n'existe pas de systèmes de vote juste. Cette preuve fait partie des découvertes mathématiques négatives : une situation rêvée et que l'on pensait plausible, est à jamais hors de portée. Ainsi, les Grecs ont montré que la racine carrée de deux n'est pas exprimable par une fraction ; Werner Heisenberg (1901-1976) a établi le principe d'incertitude selon lequel il est impossible de fixer la vitesse et la position d'une particule avec une infinie précision ; Kurt Gödel (1906-1978) a prouvé que tout système d'axiomes mathématiques conduisait à une proposition que l'on ne pouvait démontrer, et que l'on ne pouvait fonder l'édifice mathématique sur la base d'un ensemble de propositions. Ces constatations renforcent notre sentiment réaliste : les vérités mathématiques préexistent à leur découverte car si l'Homme les créait de toutes pièces, elles ne souffriraient pas de ces impossibilités. »

À ce moment de la narration, Schéhérazade vit apparaître le matin, et discrète, se tut.

* Et de l'évaluation de certaines qualités. Ainsi en est-il de la modestie qui doit rester discrète : vouloir être l'homme le plus modeste du monde est auto-contradictoire dans son excès. Tout comme ne pas vouloir être esclave de sa volonté d'indépendance. Toutes les qualités ne peuvent être classées et l'on sent que la transitivité de la modestie ou de l'indépendance est fausse à la limite.

ONZIÈME NUIT

FAITES LE SINGE, PAS LA GUERRE

Songeuse Irvana ! Sa parenté avec les autres mammifères la turlupinait. Dans les cas de crise intellectuelle, elle avait besoin d'Ibliss, ce qui ne plaisait qu'à moitié à Adjib. Mais la vie est ainsi faite… Elle n'eut pas besoin d'appeler le djinn, il était déjà là.

« Je regarde ce chien, et je me sens bête, dit Irvana. Quand je pense que nous appartenons à la même famille de mammifères !

Qu'est-ce qui distingue l'Homme des autres mammifères, lui demanda-t-elle ?

– Grande question, lui répondit-il. Et mal résolue... On a longtemps cru que c'était la faculté de faire la guerre en groupes, mais les savants ont observé que les rats ou les chimpanzés possèdent aussi cette propension meurtrière. Que c'étaient les outils, mais les singes en utilisent également. C'est peut-être la disponibilité sexuelle des femelles humaines. »

Irvana était captivée. Avec Ibliss, elle pouvait parler en toute confiance, en toute amitié, car les djinns n'ont pas les désirs qui perturbent les rapports humains.

« Quels sont les mammifères les plus proches de l'Homme ? Probablement les singes, comme les chimpanzés que mon père Chahmazane passe des heures à observer dans son zoo.

– Pas sûr, lui répondit le djinn. Plutôt les bonobos. Partons pour leur rendre visite. »

Irvana était ravie. Elle avait un nouveau tapis volant de luxe. Son mari l'avait acheté d'occasion à Yatagan, son ancien prétendant. Yatagan se consolait de ses déboires amoureux par un intérêt immodéré pour les nouveaux modèles automobiles ; son tapis volant était toujours le plus récent et le plus rapide. Il bazardait les anciens modèles à bas prix.

Irvana avait mis longtemps à se préparer et Ibliss l'attendait sans trop d'impatience : il essayait tous les gadgets du tapis volant. Après avoir démarré dans un chuintement luxueux, ils survolèrent l'Afrique centrale et se posèrent au Congo, dans une clairière ensoleillée où gambadaient une dizaine de singes. Des bonobos.

« Enlève ce chapeau colonial ridicule, émule du bon Docteur Livingstone, intima Ibliss. Tu ferais peur à un gorille. »

Irvana obtempéra.

« Regarde ce couple de femelles dégustant des bananes, dit-elle. Et le grand mâle derrière qui voudrait bien en manger. Mais il a beau faire ses rodomontades, les femelles ne s'en préoccupent guère. Regarde, il mendie en tendant la main vers elles, comme les pauvres à qui mon père généreux, le bon roi Chahmazane, donne pitance.

– Et elles l'ignorent ! Ah, elles ont fini leur repas et le pauvre mâle peut commencer à se nourrir de leurs restes !

– Les femmes d'abord. Société hautement civilisée que celle des bonobos, apprécia Irvana ! »

Sur une branche, le jeune bonobo mâle dénommé Kako, inquiet, grimaçait nerveusement. Il tenait dans une main deux oranges, son déjeuner.

« Il n'est pas à l'aise dans les arbres, expliqua Ibliss. Au contraire de la plupart des autres singes qui lui sont apparentés, comme les chimpanzés, par exemple. Regarde la femelle, nous l'appellerons Leslie, elle veut passer pour aller cueillir des oranges. Kako la bloque. Elle lui mord la main pour faire lâcher prise. Pauvre Kako ! »

Kako émit un piaulement et dans un fracas de branches, dégringola au sol, suivi aussitôt de Leslie. Ils s'observèrent quelque temps.

« Ah, regarde Ibliss, ils font l'amour pour se réconcilier. Irvana était rouge d'excitation et d'intérêt. Et ils s'aiment, face à face, les yeux dans les yeux, continua-t-elle.

– Les bonobos partagent cette position* avec les humains, remarqua Ibliss.

– Ils ont fini. Et Leslie repart avec une des deux oranges. Bien joué, Leslie !

– Ainsi nos bonobos résolvent admirablement les conflits par l'amour, confirma Ibliss. Et, par conséquent, les bonobos sont

* Prônée par les prédicateurs catholiques qui évangéliseront l'Afrique.

volages. Ils pratiquent l'amour libre dans leur petite communauté d'une dizaine d'individus. Les liens de paternité sont assez compliqués.

– C'est peut-être pour cette raison que seules les femelles s'occupent des petits. Regarde comment Leslie prend soin de ses enfants. Ses gestes et ses caresses sont en tout semblables à ceux que je prodigue à Adjib II, mon tendre nouveau-né.

– Et les bonobos sont tolérants envers les farces des jeunes turbulents. Je n'ai jamais vu aucun adulte frapper un enfant, ni même le menacer, précisa Ibliss.

– Seraient-ils supérieurs aux humains ? se demandait Irvana.

– En tout cas ils sont aussi joueurs que tu l'étais quand tu étais petite. Observe, Irvana, le jeune Kako qui se cache les yeux avec son bras. Il marche en aveugle jusqu'à ce qu'il tombe. Puis il se redresse et recommence. Ils le regardent tous faire l'intéressant, le spectacle les passionne.

– Mais ce sont des obsédés, remarqua Irvana. Regarde : ils sont si excités par la nourriture que l'un d'entre eux a apportée, qu'ils font l'amour en apéritif.

– Les relations sexuelles rythment leur vie, et la femelle bonobo est disponible sexuellement pendant la plus grande partie du mois. Chez les bonobos, activité sexuelle et reproduction sont séparées, comme chez les humains. La femelle dirige et tire parti des mâles de sa communauté. Les bonobos forment une société dirigée par les femmes, ajouta Ibliss. »

Sur le chemin du retour, Irvana voulait tout savoir des bonobos et elle bombardait Ibliss de questions. Elle apprit que la branche des chimpanzés et des bonobos s'était séparée de la branche humaine il y a huit millions d'années. Et que les bonobos avaient divergé des chimpanzés il y a trois millions d'années.

À Izmir, Irvana trouva Adjib attablé et il s'interrompit à peine pour la saluer. Pendant qu'elle lui racontait les habitudes des bonobos, il s'empiffrait sans lui prêter beaucoup d'attention.

« Mais ils ne parlent pas, aussi comment peuvent-ils communiquer intelligemment, tes bonobos ? » demanda Adjib. Il était inintelligible, car il avait la bouche pleine de nourriture ; il dut répéter plusieurs fois sa remarque.

« Ils savent très bien se faire comprendre et apaiser leurs différends, sourit Irvana, qui songeait aux manifestations amoureuses des bonobos. Et ils sont très civilisés, eux. »

« L'éthologue néerlandais Franz de Waal a étudié les bonobos, et les scénettes que je vous ai décrites sont véridiques, confirma Schéhérazade. Notre société a un intérêt formidable pour le sexe, mais la société des bonobos la dépasse de beaucoup. Si nous n'avions jamais observé les chimpanzés et les babouins, nous serions persuadés que les premiers hominidés vivaient dans une société centrée sur les femmes, et où le sexe avait des fonctions sociales importantes qui paraissaient éliminer bien vite les sources de conflit. Les bonobos sont une société qui se démarque de toutes les autres : elle applique le principe des années 1960, "Faites l'amour pas la guerre". »

À ce moment de la narration, Schéhérazade vit apparaître le matin, et discrète, se tut.

DOUZIÈME NUIT

PRENDRE LA (BONNE) PORTE

Le palais n'était que pleurs. Yatagan, nobliau du royaume d'Izmir, avait enlevé Clair-de-Lune, la fille du sultan Armânoûs. Les djinns maléfiques aidaient Yatagan à perpétuer ses forfaits.

Le sultan avait convoqué Aladin, frère de lait de Clair-de-Lune. Aladin avait grandi en compagnie de la fille du sultan et l'amitié les unissait. Comme il était érudit et ami généreux des temps difficiles, on l'appelait à l'aide quand il fallait réfléchir et agir.

« Pourquoi les djinns travaillent-ils pour Yatagan ? demanda Armânoûs.

– Le monde compliqué des djinns est scindé en deux congrégations, l'une qui aide les humains dans leurs entreprises périlleuses, l'autre qui s'emploie à rendre dangereuses les actions humaines, expliqua Aladin. Le bien et le mal, le poison et le contrepoison. Pour se distraire les djinns se combattent par l'intermédiaire des humains.

– Et Yatagan ? interrogea le Sultan.

– Yatagan est leur homme de mains, mais il est amoureux de Clair-de-Lune et ne lui fera aucun mal. C'est aux méchants djinns qu'il faut arracher la jeune fille. Appelons le bon djinn Ibliss qui nous conseillera. »

Évidemment Ibliss était au courant, même dépité qu'on ne l'ait pas sollicité plus tôt. Il expliqua qu'il savait Clair-de-Lune prisonnière du « Château où aucun chemin ne mène » et qu'Aladin pouvait la délivrer.

Aladin, guidé par le djinn Ibliss qui connaissait le chemin qui n'existe pas, arriva dans le palais de Damvirate, le roi des djinns mécréants. Un château à vous donner la chair de poule. De hautes tours embrumées, des portes closes, une façade piquetée de hideuses gargouilles, et des cris, des gémissements, des rats malades et pustuleux, des vapeurs d'alcool, des cohortes d'énormes crabes alcooliques qui marchaient en file indienne*, des cliquetis de chaînes, des roulements de boulets. Ils frappèrent à la porte principale. Un gnome contrefait leur ouvrit et les conduisit jusqu'à Damvirate. Celui-ci ricana en tapotant les têtes de mort de son trône.

« Vous délivrerez Clair-de-Lune si vous vous montrez plus intelligent que Yatagan. Voici la règle du jeu. Clair-de-Lune est derrière l'une de ces trois portes. Celui qui ouvre la bonne

* Soûls, ils marchaient droit.

porte a gagné et emporte Clair-de-Lune. Si vous choisissez une des deux mauvaises portes, vous me donnez mille dinars. Vous jouez chacun à votre tour, et la position de la pécore est tirée au hasard après chaque essai infructueux. Yatagan, commencez ! »

Yatagan se précipita, comme d'habitude, choisit une porte au hasard, l'ouvrit et, déçu, paya les mille dinars.

C'était au tour d'Aladin. Ibliss parla un long moment à l'infâme Damvirate. Celui-ci hochait la tête, grimaçant* : il approuvait.

« Comme Damvirate est d'accord, je vais un peu modifier les règles. Aladin va se poster devant une porte, un pré-choix. Quelle porte choisissez-vous Aladin ?

– Celle du milieu.

– Attendez avant de l'ouvrir, continua Ibliss. Le gnome lippu pourrait-il ouvrir une des deux autres portes où il sait que Clair-de-Lune ne se trouve pas ? »

Le gnome ouvrit la porte de gauche.

« Alors Aladin, changez votre pré-choix, commanda Ibliss, et ouvrez l'autre porte, celle de droite. »

Aladin ouvrit la porte… et Clair-de-Lune s'y trouvait. Elle s'effondra dans les bras de son sauveur, mais elle n'osait pas trop se réjouir en présence de Yatagan.

« Il y avait deux chances sur trois que Clair-de-Lune soit derrière, affirma Ibliss. Nous avons eu de la chance.

– Je ne comprends pas, gémit Yatagan, pourquoi faut-il changer de porte après le pré-choix ? Il y a autant de chances que Clair-de-Lune soit derrière la porte qu'il a choisi en premier, ou derrière l'autre porte. »

Ibliss expliqua.

* Il était si laid que ses grimaces l'embellissaient.

« Parce que, mon pauvre Yatagan, avec la porte que vous avez choisie, vous avez une chance sur trois que Clair-de-Lune soit derrière. L'ouverture d'une autre porte ne change rien à cette probabilité. On a dit à Aladin qu'une porte, parmi les deux qu'il n'avait pas choisie, était mauvaise; il avait toujours une chance sur trois que Clair-de-Lune soit derrière la porte initialement choisie, mais deux fois plus de chances qu'elle soit derrière l'autre porte. Au revoir Yatagan, sans rancune Damvirate, et merci. »

Sur le chemin du retour, bien que content, Aladin n'était pas convaincu.

« Il me semble qu'il y avait une chance sur deux que Clair-de-Lune soit derrière la porte du pré-choix et une chance sur deux qu'elle soit derrière l'autre. Je ne vois pas pourquoi je devais changer.

– Ton incompréhension ne m'étonne guère, et la question sera débattue longtemps. Je désespère de te convaincre, mon cher Aladin. Essayons à plusieurs reprises avec ces pierres et ces blocs de bois et faisons des statistiques. Ibliss jouait le rôle du gnome et plaçait une pierre derrière, et Aladin ouvrait, soit la porte du pré-choix, soit l'autre porte quand la troisième avait été ouverte. »

Clair-de-Lune, qui notait, s'emporta: « Cela est clair, je suis derrière "l'autre porte" à peu près deux fois sur trois. J'en ai assez de noter, nous avons mieux à faire. Nous arrivons au palais. »

La fête dura plusieurs jours, les discussions aussi. Fallait-il, ou non, changer de porte? Ils en débattent encore.

Ce qu'ils ne savaient pas, c'était comment Ibliss avait convaincu Damvirate de modifier la règle du jeu. Ibliss a confié à notre correspondant à Samarkand qu'il avait rappelé à

Damvirate quelques bonnes actions de jeunesse… que lui, Ibliss, pourrait éventuellement divulguer et, ainsi, le discréditer au royaume des méchants djinns.

« Le problème n'est pas ancien. La mathématicienne américaine Marylin vos Savant a publié le problème et son analyse en 1991. Elle a reçu des centaines de lettres de mathématiciens professionnels qui contestaient son raisonnement. Le résultat (il faut changer de porte) est si contraire à l'intuition que les débats se perpétuent encore, raconta Schéhérazade. Toutefois les simulations sur ordinateur sont faciles à mettre en œuvre et donnent raison à Marylin : sur 100 000 cas, la stratégie d'Aladin de choisir l'autre porte réussit 66 502 fois et échoue 33 498 fois, chiffres raisonnablement proches de 2/3 et de 1/3 de 100 000. Marylin avait définitivement raison : les vérités mathématiques ne résultent pas d'un vote démocratique. Le gnome en ouvrant une porte donne une information à Aladin qui en tire profit pour augmenter ses chances de succès. La démonstration devient plus évidente si l'on considère 1 000 portes. Après le pré-choix, on en ouvre 998, et il apparaît alors qu'il faut changer de porte. Vous ne me croyez toujours pas, demanda Schéhérazade ? Alors faites le test vous-même… »

À ce moment de la narration, Schéhérazade vit apparaître le matin, et discrète, se tut.

TREIZIÈME
NUIT

LA TAILLE DES DIAMANTS : CONTE THÉOLOGIQUE

Le roi Chahzamane attendait ses joailliers. C'était son anniversaire et il avait décidé de s'offrir un présent. Qui aurait pu lui offrir un plus beau cadeau que lui-même ? Il était l'homme le plus riche du royaume ! Il voulait un diamant. Mais il s'était fait une surprise. Il avait chargé son grand vizir de lui trouver le plus gros diamant du monde, de le faire tailler, et de le lui offrir aujourd'hui.

Le grand vizir dévoila l'énorme diamant.

« Étourdissante conception géométrique, clamèrent les joailliers. Quelle pureté, quelle simplicité, quelle richesse dans le dépouillement. On s'abreuve sous chaque angle de visions splendides. Et si inattendues…

– Ah ! Quelle vision ! Je défaille, hurla un minimaliste persan du même cri.

– Bof ! éructa un néo-destructiviste reformulateur quantique.

– Il faut s'en éloigner un peu puis s'approcher tout doucement de l'œuvre pour en saisir toute la finesse picturale, la néguentropie artistique, susurra suavement un sirupeux esthète résistancialiste.

– La réalité strictement minkovskienne de l'espace est symbolisée par l'objet quantiquement irréductible, intervint un philosophe pré-Sokalien. »

Comment Chahzamane aurait-il pu partager l'enthousiasme forcé de la horde post-moderniste ? Il avait sa lippe des mauvais jours. Pourquoi ? Parce que le diamant était taillé en cube, un simple cube, rien d'autre. Les huit sommets étaient également distants, les huit arêtes parfaitement égales et les faces des carrés identiques. Il se leva et marmonna.

« Des coups de fouet, voilà ce qu'ils méritent, et un grand vizir au chômage, un. Vite fait. Grand vizir, appelez le bourreau. Il est pour vous. »

Et il quitta la salle, écrasé de désappointement. La beauté n'est pas toujours source de joie…

« En voilà une histoire, pensa Irvana. Comment amadouer le tyran déçu ?

– On pourrait peut-être retailler le diamant pour en diminuer l'uniformité. Quelles autres surfaces pourrions-nous faire apparaître ? Aidez-moi, supplia le grand vizir !

– Des triangles, des carrés, des rectangles, cria Yatagan. Très facile, on peut tout faire, avec un peu d'imagination. Ce nigaud de grand vizir en est dépourvu. Je vais couper cet animal en rondelles moi-même. Je subodore la promotion.

– Sauriez vous faire une coupe dont les limites forment un hexagone, ô bellâtre furieux, l'interrompit Irvana ?

– Impossible, répondit Yatagan. Même le géomètre…

– Rengainez votre sabre, histrion, répliqua le géomètre. On obtient un hexagone par une coupe qui passe par le milieu des arêtes, perpendiculairement à la grande diagonale du cube.

– Mais c'est très joli ce que fait ce gentil monsieur géomètre, admira Laab, la dernière arrivée des courtisanes. Vous pourriez, doux géomètre, m'offrir un hexagone de diamant !

– Ou le couper en trois pyramides comme cela, continua le géomètre. Le cube est riche de potentialités. On peut faire trois pyramides identiques en deux coups de couteau. Ou en coupant ainsi et ainsi, et ainsi, faire un octaèdre, un icosaèdre, un dodécaèdre, à peu près tout.

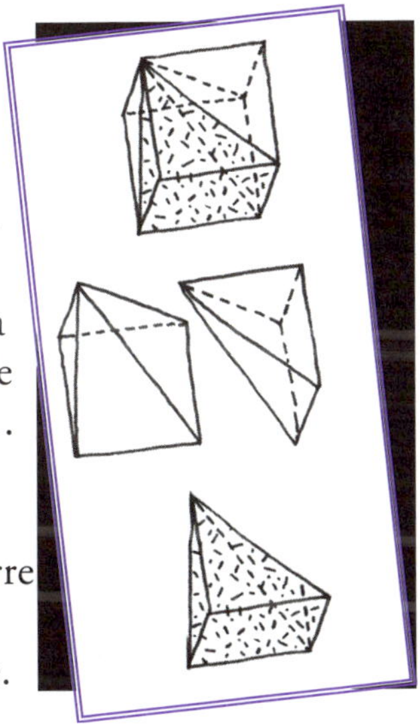

– J'aimerais bien un solide dont la surface serait constituée uniquement de faces hexagonales, ô mon gentil géo… minauda Laab.

– Impossible.

– Même pour me faire plaisir, susurre Laab ?

– Il est démontré que c'est impossible.

– Mais l'amour n'est-il pas plus fort que tout ?

– Pas plus puissant que les mathématiques, ma chère future petite amie. Même Haroun al-Rachid, le commandeur des croyants, même Allah, ne pourraient imaginer un volume pavé d'hexagones*. »

Chahzamane, qui s'ennuyait tout seul, était revenu calmé. Pour aussitôt s'indigner.

« Blasphème, intervint-il, Dieu est tout puissant.

– Oui, mais il a créé la géométrie et Dieu ne peut créer de contradiction, maintint le géomètre. Allah peut tout, sauf se contredire. Il est trop savant pour combattre sa propre parole. S'il pouvait se contredire, il ne serait plus tout puissant.

– Prendre Dieu au piège de la contradiction revient à douter de sa puissance. C'est impie**. »

Le géomètre feignait de s'adresser seulement à Laab, car il craignait de contrarier à nouveau Chahzamane. Puis, ses bras moulinèrent dans l'espace des coupes possibles du cube.

Chahzamane reprit la parole.

« Ne touchez pas à ce diamant. Je vais l'envoyer à l'abominable Al-Ma'moun de la part de Yatagan avec un commentaire approprié. Cela va fâcher cet énergumène sanguinaire. Et il me débarrassera de Yatagan. »

---

* Kepler a démontré qu'il fallait disposer au moins 12 pentagones, comme cela est visible sur la Géode du parc de la Villette à Paris.

** Dieu peut tout sauf se contredire, affirmait saint Augustin. Quelle que soit la réponse à la question posée par Blaise Pascal : « Dieu peut-il créer une montagne si grande qu'il ne peut l'escalader ? », elle limite la puissance de Dieu. Dans la même veine, selon certains théologiens, défier Dieu était le pire des péchés. Par exemple, dire : « Si Dieu existe, que cette bouchée de pain m'étouffe. » Dieu n'a pas à se soumettre aux injonctions des humains pour prouver sa puissance. Le mathématicien anglais Godfrey Hardy (1877-1947) avait commis ce péché : il détestait les voyages en bateau et il devait traverser la Manche pour assister à un congrès de mathématicien. Pour conjurer le sort, il écrivit à un collègue qu'il avait démontré le théorème de Fermat, une conjecture notoire. « Dieu, raisonnait-il, ne peut faire chavirer le bateau, car une gloire indue me serait attribuée. »

« Les radiolaires sont des animaux microscopiques unicellulaires qui peuplent les mers, raconta Schéhérazade. Leur squelette de silice est composé d'hexagones non réguliers et il semblerait, à première vue, qu'il puisse recouvrir l'équivalent d'une sphère (une sphère déformée). C'est à ce propos que la discussion sur la puissance de Dieu et les mathématiques a opposé un mathématicien et un naturaliste. Le mathématicien suisse Leonhard Euler (1707-1783) a montré que le nombre F de faces d'un polyèdre, le nombre A d'arêtes et le nombre S de sommets vérifient la relation : $F + S - A = 2$. Vous pouvez contrôler l'exactitude de cette formule sur les cubes, les prismes, les pyramides, et les solides obtenus en tronquant ces polyèdres. Revenons à notre problème. Chaque hexagone possède six sommets et six arêtes ; chaque sommet est commun à trois faces ($S = F/3$) et chaque arête est commune à deux faces ($A = F/2$). Ainsi, s'il existait un radiolaire constitué seulement d'hexagones, l'on aurait $F + 6 \times F/3 - 6 \times F/2 = F + 2F - 3F = 0$. Comme 0 ne peut être égal à 2, la configuration est impossible. »

À ce moment de la narration, Schéhérazade vit apparaître le matin, et discrète, se tut.

QUATORZIÈME NUIT

LES FRACTALES

Le nouveau grand vizir des Universités, taciturne, préparait son attirail. Son ambition était comblée, mais il croulait sous la difficulté des tâches à régler. Il fallait réformer l'Université, restructurer la recherche, dynamiser les étudiants, refondre les programmes, inciter les industriels, toujours timorés, à investir dans les laboratoires universitaires, etc.

« Que ne suis-je resté géologue royal, marmonnait-il. Il ne me reste aucun loisir. J'ai assez résolu de problèmes aujourd'hui : autant aller à la pêche ! »

Il prépara son matériel.

Hélas pour sa tranquillité, toute la cour l'accompagnait. Aussi pestait-il.

« Ils vont effrayer le poisson », murmura-t-il.

On vit fleurir les cannes, les épuisettes, les appâts et les bouteilles d'anisette. La lutte pour les places le long du lac de Samarkand était chaude.

Le lac était encaissé dans le cratère d'un volcan que le grand vizir appréciait particulièrement car il en avait étudié les détails géologiques durant sa jeunesse universitaire.

Bien installé, le grand vizir tentait de repousser le voisinage.

« Pas moins de dix mètres de longueur de rivage entre chaque pêcheur, ordonna-t-il. Pour moi, vingt. »

Chacun essayait de mesurer la distance qui séparait, le long de l'eau, sa canne à pêche de celle de ses voisins. Certains mesuraient avec une grande perche, d'autres avec un petit bâton.

Un conflit opposa Chahzamane à Laab.

« L'arpenteur royal a mesuré 9,3 mètres entre nous. Éloigne-toi, ordonna-t-il à sa favorite.

– Tu n'as pas toujours dit cela, mon gros tigre voluptueux. Pas plus tard qu'hier. D'ailleurs, j'ai mesuré la distance : 105 fois mon petit bâton de dix centimètres et donc 10,5 mètres. Je suis au-delà de la distance réglementaire. »

Le découpage de la côte rendait les mesures incertaines. Il fallut se rendre à l'évidence, la longueur entre deux points de la frontière entre l'eau et la terre dépendait de la longueur de

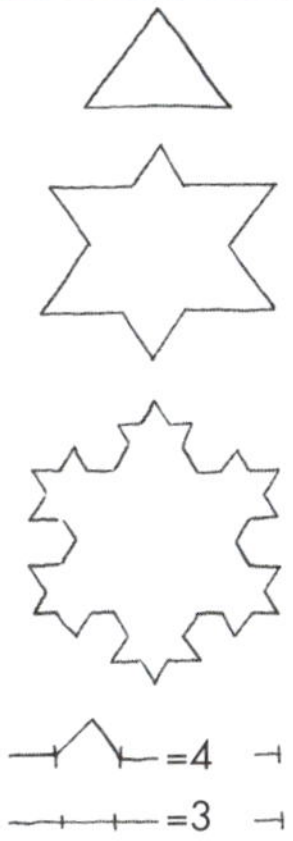

l'instrument de mesure. Plus l'instrument était petit, mieux il épousait les détails de la côte, plus la longueur mesurée était grande. Ibliss intervint.

« Les mathématiciens ont étudié le problème. Pour des côtes suffisamment compliquées, la longueur entre deux points, même très proches, est infiniment grande.

– Là. Je triomphe encore, insista Laab. C'est fatigant d'avoir toujours raison !

– Dessine-moi une courbe de longueur infinie, demanda Chahzamane à Ibliss.

– Je vais demander à Laab de tracer un triangle équilatéral, de partager chaque côté en trois parties et de faire un triangle équilatéral sur la partie centrale. Puis d'éliminer le segment central. Et de recommencer sur chaque segment.

– Quand dois-je m'arrêter ? demanda Laab, fatiguée de la tâche.

– Jamais. Les mathématiciens vont jusqu'à l'infini.

– On voit bien, comme d'habitude, que ce ne sont pas eux qui font le travail, ironisa le grand vizir. »

Tout le monde avait compris et s'extasiait sur la beauté de la courbe « Flocon de neige ». À chaque opération, la longueur de chaque segment était multipliée par 4/3 ; évidemment, la longueur était infinie après un nombre infini d'opérations.

La petite Zéphyr accourut en hurlant sa joie. Elle avait attrapé un poisson et le brandissait fièrement. Tout le monde l'admira.

« C'est un poisson de l'espèce Mandelbrot, affirma un ichtyologue. Observez les écailles. »

Chaque grosse écaille était recouverte de petites écailles, elles-mêmes recouvertes d'écailles plus petites, jusqu'à ce que les écailles soient trop petites pour être visibles. On sentait leur présence au toucher.

« C'est une fractale. Le volume du poisson est limité, mais sa surface est infinie, dit notre petit djinn malicieux.

– Comme pour la courbe, la surface devient infiniment rugueuse quand on la regarde de plus en plus près.

– Au centre de chaque triangle, il y a un minaret, minauda la courtisane royale. Une courtisane révèle sa présence en passant un doigt habile.

– Et qu'on l'observe de loin ou de près, on voit toujours le même paysage, nota le mathématicien Ramsès.

– Le tourisme exploratoire est sans intérêt dans une fractale, confirma Chahmazane. En revanche, vue de loin, la structure prend une forme bizarre à mesure que l'on ajoute des petites pyramides.

– La structure est inattendue, mais elle n'est pas remarquable, interrompit Ramsès. »

Contredire ainsi le roi n'était guère diplomatique, mais quel mathématicien a-t-il jamais accepté de se taire quand il sait avoir raison ?

« Je vais vous prouver le contraire, affirma-t-il. »

Il prit à part Yatagan et lui conseilla de confectionner pour le souverain un cadeau fractal et royal. Chahzamane, ému de la sollicitude de Ramsès, s'apaisa. Le retour au palais fut joyeux.

Pendant que les pêcheurs se restauraient avec les succulents fruits du jardin et, Zéphyr excepté, de quelques verres de vin, Yatagan suivait les conseils de Ramsès. Il partait d'une pyramide en or, un tétraèdre, lui enseigna Ramsès, sur lequel il construisait de petites pyramides, puis de petites pyramides.

« J'espère qu'il aura assez d'or pour mon cadeau imprévu », sourit Chahzamane.

En bon souverain, Chahzamane n'aimait pas que les bonnes volontés de ses sujets soient limitées par manque de crédits. Le grand vizir prit bonne note de cette subite générosité.

Enfin Yatagan apporta le cadeau et la salle frémit. De terreur. Car le résultat était encore un cube, parfaitement banal.

Ibliss pleurait de rire.

« C'est le deuxième cube que l'on offre à notre roi. Il va se lasser. J'espère que c'est le second, ajouta-t-il prudent en voyant les sourcils froncés de Chahzamane.

– Ne punissez pas Yatagan, implora Ramsès, il ne pouvait deviner cette surprise fractale qui a étonné les plus grands mathématiciens. La limite d'une pyramide fractale peut être un cube. »

Au fond de lui-même, Chahzamane était content. Il avait enrichi considérablement sa vision des cubes et pourrait se moquer des anti-cubistes ignorants. Lors de la visite des souverains étrangers, il aurait beau jeu de leur expliquer toute la richesse mathématique que recelait le cube.

« Notre ichtyologue amateur de poissons fractals a été précédé par le romancier Jonathan Swift (1667-1745), auteur des *Voyages du capitaine Lemuel Gulliver*, remarqua Schéhérazade : il a écrit :
"Ainsi, les naturalistes observent qu'une puce
A des petites puces qui vivent sur son dos,
Lesquelles sont mordues par des puces plus petites encore,
Et ainsi de suite, *ad infinitum*..."
Les fractales présentent toujours la même structure quelle que soit l'échelle. Elles peuvent avoir des dimensions qui ne sont pas entières, comme 1,4 ou 2,856. Ce petit air de science-fiction explique une partie de leur succès, ainsi que la facilité de leur apprentissage. Il reste surprenant qu'une courbe pathologique, une fonction continue sans dérivée, soit utilisée dans de si nombreux domaines de la physique : elle explique, comme l'a montré le mathématicien français Benoît Mandelbrot, pourquoi le ciel est noir la nuit, les détails du mouvement brownien, les fluctuations de la bourse, les échanges gazeux dans les structures des poumons. »

À ce moment de la narration, Schéhérazade vit apparaître le matin, et discrète, se tut.

QUINZIÈME
NUIT

LA CHALEUR HUMAINE

Quelle chaleur à Samarkand ! Il faisait rudement chaud pour une si petite ville. Les habitants du palais respiraient la touffeur de la canicule, certains affirmaient que c'était l'été le plus chaud depuis la création du monde*. Le roi, qui faisait la sieste, en suait jusque sous les yeux.

Il fut réveillé par les plaintes et les soupirs de son entourage.

« Cent coups de bâtons à celui qui dit encore une fois qu'il fait chaud ! » souffla Chahzamane de fort méchante humeur.

* Un statisticien, à l'esprit troublé par la chaleur, affirma que c'était le troisième été consécutif le plus chaud du siècle.

Même le djinn Ibliss souffrait : de la vapeur se dégageait de la fumée qui le matérialisait.

« Ce n'est pas pour me vanter, mais il fait chaud » remarqua-t-il, car il avait des lettres. Il aurait dû être puni, mais le bâton était inefficace contre le vent.

Il conseilla Chahzamane :

« Sortons dans le jardin pour nous rafraîchir. »

La petite courtisane Laab semblait la plus atteinte par la température, et elle s'était débarrassée de la plupart de ses habits. Irvana, la fille de Chahzamane, lui avait intimé de se rhabiller avant de sortir : avec l'âge Irvana devenait prude et acariâtre*. En soupirant Laab revêtit le plus léger, le plus diaphane, de ses voiles.

Ils se dirigèrent vers le grand bassin de la cour intérieure. À mesure qu'ils s'approchaient, ils ressentaient une fraîcheur bienfaisante. Le roi s'étonnait et se réjouissait de ce bien-être.

« L'air est effectivement plus froid près de l'eau, lui assura Ibliss. Quand le vent sec et chaud entre au contact de l'eau, il l'évapore. Cette évaporation de l'eau extrait de la chaleur à l'air, qui est ainsi rafraîchi. Je suis content que vous respiriez mieux.

– Et c'est pour cela que l'Émir de Yezd m'a envoyé son architecte pour des aménagements intérieurs de mon palais. Il me construit un système d'aération où une rivière souterraine rafraîchira l'air circulant dans le palais. D'après les plans. »

Une gerbe d'écume éclaboussa le roi. Laab avait plongé dans le bassin pour se rafraîchir, et elle en ressortit, impudique mais radieuse. Tout sourire, elle encouragea ses compagnes à l'imiter. Bientôt toutes pataugèrent, admirées par le roi qui s'était prudemment éloigné du bassin.

« Le vent sec évapore l'eau du corps, en tout point admirable, de Laab, expliqua Ibliss, et la refroidit agréablement.

* Un caractère ombrageux aurait été plus acceptable par temps de canicule.

– Ce refroidissement au sortir de l'eau n'est pas toujours aussi agréable, intervint le grand vizir. J'ai été dernièrement chez les Celtes bretons pour y acheter un navire ; ses habitants m'ont expliqué que le vent qui vient de la Terre est sec. Aussi évapore-t-il beaucoup d'eau et glace-t-il les intrépides baigneurs. Le vent humide qui vient de la mer a moins d'effet : déjà chargé en humidité, il évapore moins d'eau. Aussi est-il moins craint des nageurs.

– Je ne suis pas sûr que j'aimerais me baigner en Bretagne, dit-il. Ici, j'en ai bien envie, mais ma dignité me l'interdit. Je dois garder les habits de mon rang, d'une royale blancheur*. »

Chahzamane se grattait la tête, signe de perplexité.

« Je me demande si je ne devrais pas avoir un habit noir comme le vôtre, grand vizir. Certains me disent que le noir tient moins chaud. Qu'en pense notre physicien géologue royal ?

– La question est délicate et des générations de physiciens l'ont étudiée. Le blanc réfléchit plus le rayonnement solaire, mais le noir émet plus de chaleur, car il rayonne plus efficacement. En fait, il faut se vêtir de blanc au Soleil pour moins absorber le rayonnement, et de noir à l'ombre pour mieux émettre la chaleur.

– Je sais que le noir est plus chaud : on se brûle plus les pieds sur les plages de sable noir que sur les plages de sable blanc, intervint Yatagan, qui avait voyagé.

– Assez bavassé, intervint le roi. Faisons plutôt l'expérience en vraie grandeur. Habillez-moi 10 soldats de blanc, et revêtez 10 soldats de costumes noirs, en les tirant au hasard. Plantez-les en plein soleil, et observons. »

La barbare technique du roi donna des résultats concluants : après une heure de sablier, sept soldats noirs s'étaient écroulés, trois soldats blancs seulement. Chahzamane était rasséréné : il n'aurait pas à refaire sa garde-robe.

« Il y a un autre phénomène, affirma le géologue royal.

* Vizir.

Comme le vêtement du bédouin est ample, l'air chauffé au voisinage du tissu monte et cette circulation d'air sec refroidit le corps, là encore par évaporation d'eau. Avec un drap blanc, la circulation d'air est moins importante, et le bédouin est moins refroidi. D'où l'avantage des vêtements amples et noirs, et de, et de… »

Laab s'était rapprochée, toute mouillée, la robe collée au corps. Le géologue royal la fixait avec des yeux exorbités et ne savait plus bien ce qu'il disait.

« Je n'aimerais pas me revêtir d'habits noirs, commenta Laab. Je me demande si je ne vais pas essayer une robe blanc foncé.

– Vos vêtements amples, ami géologue physicien, ont aussi l'avantage de masquer vos pensées brûlantes, affirma le roi. »

Le géologue était trop rouge de chaleur pour ajouter celui de la confusion.

Ils continuèrent à discuter un moment de la chaleur du temps, quand le grand vizir interrogea le géologue.

« On m'a raconté, dit-il, que les climats, il y a bien longtemps, étaient moins chauds. Que ne pouvons-nous revenir en ces temps anciens !

– Ces variations du climat étaient dues aux mouvements de la Terre, répondit notre géologue. Ces mouvements font qu'il y a 18 000 ans, les hivers étaient plus froids et les glaces ne fondaient pas en été. Notre pays, sur lequel vous régnez, ô roi, avec magnanimité, était couvert de glace. C'était la dernière période glaciaire.

– Je n'aurais pas beaucoup aimé vivre dans la froidure, intervint Laab. Bien que la fourrure m'aille très bien. »

Et, primesautière, elle planta un baiser sonore sur les joues du roi.

Le soir venait, avec l'ombre, la fraîcheur et la douceur de vivre dans les senteurs des roses. L'heure était tranquille et les boissons parfumées étaient servies dans des coupes délicates. Le roi et son entourage se délectaient de pastèques que Laab débitait à belles dents, comme les insectes mangeurs de feuilles. Le géologue était tout aussi barbouillé de fruits ; il avalait un morceau poussant l'autre avant que le précédent soit descendu dans le gosier. L'atmosphère était détendue, sauf pour les sept soldats en costume blanc qui n'avaient pas été relevés. Tout le monde les avait oubliés. Telle est l'ingratitude des scientifiques et des politiques vis-à-vis des sujets d'expérience.

« Comment se fait-il que nous ne soyons jamais contents de notre climat, s'interrogea tout haut le roi ?

– Parce que nous ne sommes pas anglais*, Sire, rétorqua le grand vizir. »

« Le Soleil très chaud (6 000 °C) émet dans les longueurs d'onde visibles. Le corps humain, dont la surface est à quelque 30 C°, émet dans l'infrarouge. On sait qu'un corps noir émet mieux que n'importe quelle autre couleur, mais les textiles sombres sont-ils des "corps noirs" dans l'infrarouge ? La question est ouverte, nota Schéhérazade. L'atmosphère est transparente aux rayons solaires qui chauffent la surface de la Terre, et elle absorbe partiellement les rayonnements infrarouges émis par la Terre : c'est l'effet de serre. Plus il y a de gaz absorbants dans l'infrarouge, comme le gaz carbonique ou la vapeur d'eau dans l'atmosphère, plus celle-ci est absorbante et plus elle est chaude. »

À ce moment de la narration, Schéhérazade vit apparaître le matin, et discrète, se tut.

* L'été anglais est un hiver peint en vert, disait Bismarck.

SEIZIÈME NUIT

LA BAGUE DEVINÉE

El Aschar respirait la prospérité. Mais il avait perdu la beauté de l'éphèbe : le ventre du riche marchand avait les rotondités gravides d'une chamelle grosse de triplés. Aussi lui était-il difficile de se trouver une amie ! D'autant qu'il était avare.

Il languissait d'amour pour la belle Boudour, la fille du marchand d'olives, à la chair, douce et juteuse, de la couleur de l'huile blonde que fabriquait son père.

Pour la séduire, il devait inventer un stratagème, et à ce point de vue, il n'était pas démuni. Les marchands sont d'habiles négociateurs. El Aschar n'oubliait jamais d'ajouter des petites lignes illisibles à ses contrats, celles que personne n'a la patience de lire, de sorte qu'il se tirait toujours d'affaire. Il alla rendre visite à Boudour.

Le marchand d'olives le reçut généreusement, car il voulait être intronisé membre de la confrérie des huiles, cette réunion des dirigeants d'entreprises prospères et influents, dont El Aschar était président. Il appela Boudour qui se présenta les yeux baissés dans une robe lilas, simple et délicate comme toute sa personne.

« Notre puissant ami souhaite te donner une bague, pour renforcer les liens d'amitié qui unissent déjà nos deux familles. Remercie-le, ma chère fille.

– Je le remercie de la proposition. Toutefois j'aimerais savoir à quoi je m'engage. Bon vouloir, cher père, mais oreille attentive. Quelles sont les conditions de ce don inattendu, demanda Boudour, levant des yeux noirs et interrogateurs.

– Pas de conditions, répliqua El Aschar. Juste une petite règle du jeu. Allons chez le joaillier. »

Le joaillier se méfiait d'El Aschar, dont il connaissait les roueries. Il pensait qu'El Aschar était derrière une affaire de perle noire où il avait beaucoup perdu.

« Montre tes pierres* embaguées, lui intima El Aschar, et sans enlever les étiquettes des prix. Nous sommes entre nous, pas de fausse pudeur, cela coûte ce que cela coûte. »

Le joaillier disposa une demi-douzaine de bagues par ordre de prix.

« Je désire t'offrir une bague, chère Boudour. La bague que tu préfères sera à toi sauf… »

* Dans des versions ultérieures, cette histoire sera intitulée par Alexandre Dumas, *Le Conte de montre tes cristaux.*

Boudour fit la grimace : il y avait bien une condition.

« ... sauf dans le cas merveilleux, continua El Aschar, où nos désirs seraient si semblables et nos esprits si parfaitement accordés, que nous devrions nous marier tout de suite. Choisis parmi ces bagues celle que tu désires. Si je n'ai pas deviné celle que tu vas choisir, et dont j'ai inscrit le numéro sur ce morceau de papier, la bague sera à toi. Si j'ai deviné ton choix, alors nous nous marierons et économiserons l'argent de la bague pour payer la cérémonie.

– Suis-je obligée de me prêter à ce jeu, demanda Boudour à son père ?

– Tu ne peux pas perdre, lui répondit-il. Dans cinq cas sur six, tu repars avec le joyau, et dans un cas, tu as le bonheur d'épouser El Aschar. »

Boudour se prit à réfléchir. Elle ne voulait pas choisir la bague au hasard ; pour choisir, elle souhaitait deviner ce qu'avait écrit El Aschar. Aussi discuta-t-elle en aparté avec sa confidente et amie, Nôzhatou.

« La bague la plus chère est celle qui pénaliserait le plus El Aschar. J'aimerais bien donner une leçon à cet amas huileux. Hélas, comme il est avare, je ne peux la choisir, car c'est celle-là qu'il a dû noter sur son papier. Je vais prendre la suivante dans l'ordre des prix.

– Es-tu bien sûre que ce choix est préférable ? rétorqua Nôzhatou. Il doit penser que tu as fait cette déduction, aussi sait-il que tu ne vas pas prendre la bague la plus chère, mais la deuxième du lot. Et c'est celle-là qu'il a mise sur son bout de papier. Il faut que tu mettes la troisième.

– Nôzhatou, tu m'inquiètes. El Aschar a dû tenir cet argument, il a dû penser que nous choisirions la troisième bague, et inscrire ce numéro. Il faut choisir la quatrième. »

Boudour et Nôzhatou continuèrent ainsi à disserter, jusqu'à la sixième bague. Pour chaque bague, selon leur logique, El Aschar avait deviné que c'était celle que choisirait Boudour. La situation semblait inextricable. Nôzhatou s'énervait.

« Pour chaque bague, nous tenons le même raisonnement, aussi doit-il être faux pour toutes, remarqua-t-elle ! El Aschar ne peut inscrire qu'un seul numéro sur son papier. Tu n'as qu'à choisir la bague que tu préfères.

– Alors ce sera la deuxième, celle qui a la couleur de mes yeux. Mais je m'interroge : si El Aschar a suivi le cheminement de nos pensées jusqu'à ce point, il a inscrit sur son papier la bague numéro 2, s'inquiéta Boudour.

– Dans tous ces raisonnements, tu supposes qu'El Aschar est aussi intelligent que nous. Si nous n'avons pas exactement la même intelligence, l'un d'entre nous s'arrête en chemin, et tu peux choisir n'importe quoi. En fait, tu n'as qu'à choisir la bague au hasard, répliqua Nôzhatou. El Aschar ne peut rien contre le hasard. Mettons tous les numéros des bagues sur des morceaux de papier et tirons-en un au sort. El Aschar ne peut deviner le résultat du tirage. »

Le tirage au sort désigna la bague numéro 1.

« Tu ne peux suivre ce tirage, dit Nôzhatou, car El Aschar a dû minimiser son risque et noter le numéro de la bague la plus chère. »

Les marchands s'impatientaient. Boudour se décida finalement à parler. Elle avait remarqué qu'un bijou n'existait qu'à un exemplaire.

« Ô, très cher El Aschar. Je suis certain que tu serais prêt à combler tous mes vœux. Aussi je ne désire pas une bague. Le bijou auquel mon âme aspire est la perle noire que je vois là-bas. »

Cette requête d'allure innocente fit hurler El Aschar.

« Et quoi encore ? Tu ne voudrais pas la paire de ces perles noires, par hasard ? Cette perle, c'est moi qui l'ai vendue à ce boutiquier, et je ne vais pas la racheter à cet imbécile. »

El Aschar s'interrompit brusquement. Le joaillier avait le visage violet de rage, et se précipitait la dague au poing vers lui. El Aschar dut s'enfuir en courant. Certains disent qu'il court encore.

« Quelle est cette histoire de perle noire, demanda Boudour ? »

« Ce problème est connu sous le nom du paradoxe du pendu, précisa Schéhérazade. Selon ce paradoxe, on prévient un condamné qu'il sera pendu un jour de la semaine suivante, sauf s'il peut deviner, le matin de la pendaison prévue, que tel est le jour de son exécution. Ce ne peut être le dernier jour, se dit-il, car j'aurais la certitude que je serai pendu ce jour. Donc mes bourreaux ne peuvent attendre le dimanche, et ce ne peut être le samedi, car je saurais qu'ils ne peuvent choisir le dimanche, et je leur dirai le samedi matin que c'est le jour. Et ainsi de suite. Ce problème fut posé en Suède, en 1943 : on prévint les populations qu'un exercice de défense civile aurait lieu un matin de la semaine suivante. Pour vérifier la bonne préparation des troupes, le gouvernement s'assurait que nul ne connaissait à l'avance la date de l'exercice. »

À ce moment du récit, Schéhérazade vit apparaître le matin, et discrète, se tut.

DIX-SEPTIÈME NUIT

LA PERLE NOIRE

Je n'ai pas toujours tenu une petite échoppe dans le quartier marchand, raconta le joaillier. Avant que je ne me fasse gruger par El Aschar, j'étais un des plus prestigieux diamantaires de la cour du roi. Je le hais, je le hais, je le hais. »

Boudour lui épongeait la sueur du front, et Nôzhatou s'inquiétait des risques d'apoplexie. Elles lui intimèrent quelque repos. Le joaillier, soutenu par sa femme et ses enfants, se retira.

Le marchand d'olives, qui connaissait l'escroquerie de la perle noire, ignorait qu'El Aschar était responsable du drame.

En commerçant avisé, il ne regrettait plus que sa fille ait éconduit un tel malfaisant. D'autant que ces émotions avaient ressoudé la famille. Ils s'en retournèrent chez eux pour fêter la déconfiture d'El Aschar.

En chemin, Boudour et Nôzhatou lui contèrent leurs réflexions pour le choix de la bague, mais il est inutile de répéter la narration.

Au logis, après quelques libations, Nôzhatou osa interroger le marchand d'olives.

« Nous brûlons d'impatience, raconte-nous l'histoire de la perle noire, lui intima-t-elle !

– Avant cela, approche cette grosse carafe ventrue* de vin d'Izmir, lui demanda-t-il, car si le conte est bon, il est long. »

Enfin il commença son récit.

« El Aschar, puisque c'est de lui qu'il s'agit, avait remarqué la perle noire dans le magasin du joaillier. Il décida de l'acheter, sans vouloir l'offrir à quiconque, car vous connaissez sa ladrerie, leur dit-il. Il se grima, revêtit les habits d'un riche marchand nubien, se rendit chez le joaillier, demanda à voir la perle dont il admira la perfection, et ne discuta presque pas le prix, ce qui était surprenant. Il tint ensuite au joaillier ce discours :

"J'aimerais, dit le perfide, offrir à ma maîtresse dont je tairai le nom, car elle est de famille noble et prestigieuse, une paire de perles pour qu'elle en pare ses oreilles délicates ourlées comme des conques marines. Si tu me trouvais une perle exactement semblable, je serais prêt à t'en offrir dix fois le prix. Voici l'endroit où tu pourras me trouver."

Le joaillier regardait, perplexe, l'adresse que lui avait remise El Aschar.

* Une petite carafe de vin est un objet immoral, illogique et inadéquat.

“Comment trouver une perle identique, s’interrogeait-il ? C’est impossible. Quelle tristesse, car cet acheteur est assez fou pour en payer dix fois le prix ! Je ne réussirai pas une seconde vente ; contentons-nous de la première.” »

Le marchand d’olives s’interrompit.

« Donne-moi encore un peu de vin, cette figue dorée de soleil, et viens t’asseoir près de moi, dit-il à Nôzhatou. »

Il tenait son auditoire en haleine et souhaitait profiter de sa situation. Nôzhatou obtempéra et accepta, du bout des lèvres, de partager la figue avec le narrateur. Celui-ci reprit son histoire.

« Donc El Aschar avait acheté pour 500 dinars d’or la perle noire. Il la tint cachée pendant un an, car nous autres commerçants avisés, savons attendre le moment propice. Je me souviens que pour une livraison d’olives…

– Pas d’incidentes, cher Papa. Revenons à la perle, l’interrompit sa fille.

– Bien, ma chère enfant. Tout pour plaire à la famille, telle est ma devise. Comme je le disais à mon ami le barbier…

– La perle, la perle, scandèrent Boudour et Nôzhatou.

– Donc, environ un an après son achat, El Aschar revêtit un autre déguisement et disposa la perle qu’il avait achetée sur un étal au marché, parmi d’autres bijoux. Puis il attendit le passage du joaillier. Celui-ci approcha des bijoux d’El Aschar, et sursauta. La perle noire ! Tout à fait semblable, et pour cause, à celle que le marchand nubien lui avait achetée ! Maîtrisant son émotion, car il faut dans les transactions, toujours masquer ses sentiments. Ainsi moi-même…

– Papa, s’il te plaît, la supplia Boudour.

– Donc le joaillier demanda le prix de la perle noire et après de longues négociations l’obtint pour 3 000 dinars d’or.

“Que m’importe, se disait le joaillier, je la revendrai dix fois sa valeur.”

El Aschar revint chez lui, heureux d’avoir gagné 2 500 dinars d’or. Quand le joaillier contacta le riche marchand fictif à une adresse que contrôlait El Aschar, celui-ci lui fit savoir par messager qu’il avait changé d’avis, que sa maîtresse l’avait abandonné et qu’il ne voulait plus acheter de perle. »

« Triste fin, remarqua Boudour, je comprends la colère du joaillier quand il a su qu’El Aschar avait causé sa perte.

– Mon père m’a raconté la même histoire avec une potiche chinoise. El Aschar a fait école. Maintenant, pouvez-vous lâcher ma jambe gauche, marchand d’olives, je ne désire pas vous la vendre car j’ai déjà la paire, se fâcha Nôzhatou. »

« Il existe de multiples arnaques utilisant des parités, continua Schéhérazade. On m’a raconté l’histoire d’un escroc qui se rendait au Casino avec son valet, en Rolls-Royce pour inspirer confiance. Le premier jour, l’escroc perd à la roulette 100 000 euros en jouant sur le rouge. Le second jour, il perd aussi 100 000 euros. Au bout d’une semaine, le valet vient seul et tient se propos au croupier : "Mon maître est malade et je vais jouer à sa place tous les jours 100 000 euros sur le rouge. Bien sûr, je vais perdre. Aussi, j’entends que vous me dédommagiez de 50 000 euros. De la sorte, nous gagnerons tous les deux 50 000 euros". Le croupier accepte. Il ignore qu’un baron, de mèche avec le valet, jouait le noir quand son compère jouait le rouge. Chacun gagnait ainsi quand l’autre perdait. Quand la perte du joueur atteignait 100 000 euros, son compère avait gagné autant et ils recevaient 50 000 euros de la banque. »

À ce moment du récit, Schéhérazade vit apparaître le matin, et discrète se tut.

★ ★ ★

DIX-HUITIÈME NUIT

LE PARTAGE PROPORTIONNEL

Zéphyr de l'adolescence éclata de colère.

« Tu as encore pris la plus grosse, c'est insupportable. »

Zéphyr recevait son cousin Mahmoud, et ils dégustaient des Alibabas au rhum. La crème était d'un blanc velouté, la pâte onctueuse et la cerise… sur le gâteau. Pierre, le pâtissier du roi, maîtrisait parfaitement l'art du baba, et les enfants qui en mangeaient, en restaient de même. Hélas, le cousin Mahmoud n'avait ni courtoisie, ni politesse : à chaque fois qu'ils partageaient un gâteau, il prenait systématiquement la plus grosse part.

« Quand on est poli, m'a enseigné ma gouvernante, on prend la plus petite portion, lui reprocha Zéphyr.

– C'est bien celle que tu as, alors de quoi te plains-tu, ricana Mahmoud ? Au partage de la politesse, tu as gagné le gros lot. Pour ma part, je suis plutôt intéressé par la mienne. »

Ibliss accourut : il s'ennuyait à mourir au palais du roi Chahzamane. Pas de voyages en perspective, pas de ragots savoureux sur les mœurs du palais, pas d'intrigues compliquées, pas de nouvelle courtisane versatile, bref un bonheur insipide.

L'algarade entre les deux enfants réveilla sa torpeur et il s'intéressa à leur différend.

« Nous allons partager autrement le gâteau, décida Zéphyr. Je vais couper le gâteau en deux, et tu choisiras la portion que tu désires. Je vais naturellement couper deux parts aussi égales que possible. Il me sera alors indifférent que tu prennes l'une ou l'autre.

– Tout le monde est ainsi content : chacun a le sentiment d'avoir reçu au moins sa part, et que l'autre n'a pas reçu plus que lui, ajouta Ibliss. Attention, ces deux sentiments sont différents quand il y a plus de deux participants. Nous allons voir la distinction dès maintenant, car la petite Samkolsoum est venue se joindre à nous. »

Samkolsoum, fille d'armateur, était vive et replète. C'était la meilleure amie de Zéphyr. Elle apportait une bague, un collier, et un bracelet que son père lui avait donnés, en lui demandant de partager les bijoux avec ses deux amis. Comment faire ?

« Je préfère évidemment la bague, dit Mahmoud, cela va mieux aux garçons et elle vaut plus. »

Zéphyr et Samkolsoum plaçaient chacune la bague en troisième choix, aussi ne virent-elles pas d'inconvénient à ce que Mahmoud s'en saisisse ; elles étaient persuadées que le bracelet ou le collier valaient deux fois plus que la bague. Si l'une avait préféré le collier et l'autre le bracelet, tout aurait été simple. Hélas, elles préféraient toutes deux le collier et en deuxième le bracelet.

	Ordre des préférences		
	Bague	Collier	Bracelet
Zéphyr	3	1	2
Samkolsoum	3	1	2
Mahmoud	1	2	3

Elles tirèrent au sort qui aurait le collier. C'est Zéphyr qui gagna. Son hurlement de joie réveilla la moitié du palais.

« Vous voyez, expliqua Ibliss : chaque participant a le sentiment d'avoir reçu plus que sa part, c'est-à-dire le tiers du total. Toutefois, Samkolsoum n'est pas contente parce qu'elle estime que Zéphyr a reçu plus qu'elle. Le partage est proportionnel, mais il n'est pas plaisant. »

Ils examinaient la subtile différence de signification entre ces mots, quand un serviteur apporta une tarte pour les trois enfants.

« Pouvait-on, demandèrent-ils à Ibliss, la partager de façon proportionnelle et plaisante ?

– Essayons de couper un rayon de tarte et de déplacer progressivement le couteau, pointe au centre. Dès que l'un d'entre vous estime qu'il a plus que le tiers, il crie stop et il prend la part coupée. Puis on recommence le partage pour les deux autres.

– Dès qu'il n'y a plus que deux participants, on peut pratiquer la technique, je coupe tu choisis, remarqua Zéphyr. Là le partage est plaisant et proportionnel.

– Juste, dit Ibliss. Allons-y. »

Samkolsoum, de nature anxieuse, cria « Stop » la première, et Zéphyr, aux nerfs d'acier, eut la dernière part, la plus grosse. Dans cette technique, il est psychologique d'attendre : c'est le dernier qui est souvent le mieux servi. Hélas, même ce partage n'est pas toujours plaisant car le dernier servi peut avoir une part plus grande que le premier.

« Et, de plus, la méthode ne fonctionne pas pour les bijoux que l'on ne peut couper, remarqua Zéphyr. Le partage du butin des pirates qu'arme ton père doit être sanglant, ajouta-t-elle pour Samkolsoum. Je me demande d'ailleurs comment ton père s'est attribué le bracelet, la bague et le collier. »

En regardant par la fenêtre, ils virent deux gros et grands pirates barbus chargés de chaînes, qui étaient conduits vers la prison.

« Je doute que le partage leur ait été proportionnel et plaisant, nota Zéphyr. »

« Il est beaucoup plus facile de trouver des partages proportionnels, où chacun estime avoir au moins la fraction du total qui doit lui revenir, que des partages plaisants où chacun pense avoir au moins autant que les autres, commenta Schéhérazade. De plus, les mathématiciens préfèrent des algorithmes n'ayant qu'un nombre fini d'étapes. En 1944, le mathématicien polonais Hugo Steinhaus découvrit un protocole proportionnel pour trois personnes en neuf étapes, et un protocole plaisant n'a été trouvé que dans les années 1960 par le mathématicien anglais John Horton Conway ; le protocole plaisant pour quatre joueurs n'a été inventé qu'en 1995, et il comporte 20 étapes. »

À ce moment du récit, Schéhérazade vit apparaître le matin, et discrète, se tut.

DIX-NEUVIÈME NUIT

SUR DES CHARBONS ARDENTS

Une fois par an, les fakirs se retrouvaient tous à Samarkand pour leur fête annuelle. Toute la cour se déplaçait en groupe, le roi Chahzamane porté sur un fauteuil comme son rang l'y obligeait, et les courtisanes entourant le roi. Sauf cette originale de Laab, qui, curieuse de tout, s'éloignait du cortège.

Chahzamane supportait ces incartades car Laab venait lui raconter ce qu'un roi, paresseux et digne, ne pouvait aller voir.

« Nous arrivons, Sire. Voici la place aux fakirs, s'exclama Laab. Comme c'est intéressant ! »

La cour admira les avaleurs de feu et de sabre, les tours de carte, les objets lévitants*, le tour de la Malle des Indes. Ibliss boudait un peu. Il voulait expliquer tous les tours des magiciens, mais personne ne l'écoutait vraiment. Ibliss prenait le monde en grippe, car si l'on pardonne à ceux qui vous ont ennuyés, on ne pardonne pas à ceux que l'on a ennuyé. Heureusement, il avait finalement réussi à intéresser Laab à ses propos.

Au détour d'une rue, on préparait un lit de braise, car un fakir avait promis de le traverser à pied. Il se préparait en se lavant les pieds à grande eau.

« Mais il va se brûler, cela va être atroce**. Allons ailleurs, supplia Irvana, fille de Chahzamane.

– Non, restons, cela me rappellera mon palais natal, mon foyer, où mon père faisait rôtir les opposants au régime, ricana Yatagan. »

Ibliss était en grande conversation avec Laab. Soudain, elle claqua dans ses mains et se précipita vers Chahzamane.

« Ce n'est pas douloureux, je vais y aller aussi, s'exclame Laab. »

Chahzamane écrasa une larme.

« Ma favorite va brûler, gémit-il.

– Il te restera ta fille, sur laquelle tu pourras concentrer tes largesses, susurra Irvana !

– Ce n'est pas dangereux si l'on s'y prend bien, affirma Ibliss. Regardez comme le fakir se prépare : il s'humidifie les pieds. »

---

* Garantis pour longtemps.

** Celui qui craint la souffrance souffre déjà de ce qu'il craint, a dit Montaigne.

« Ah », frissonna la foule, dans la langue du lieu. Le fakir avait commencé sa marche lente sur les braises et son visage ascétique* ne reflétait aucune douleur.

Il termina sa marche pendant qu'Ibliss expliquait.

« Au contact des braises, l'eau sur la peau des pieds d'Ibliss se vaporise et forme une couche de vapeur. Cette couche est mauvaise conductrice, aussi la chaleur ne passe que très mal des braises aux pieds, qui ne sont pas trop chauffés. Le fakir a bien fait de se mouiller les pieds avant.

– Je suis prête, cria Laab. J'ai parlé au fakir, il veut bien que j'essaye. »

Le fakir, qui s'était approché, transpirait plus en regardant Laab que lorsqu'il traversait les braises.

« La transpiration régénère l'eau qui, en se transformant en vapeur, te protège momentanément. Alors ne va pas trop vite, lui conseilla Ibliss, sinon tes pieds s'enfonceront dans les charbons ardents.

– Cette fille est courageuse, remarqua Chahzamane. Et vous, Yatagan, avez-vous compris les explications d'Ibliss ?

– Évidemment, répondit le fier-à-bras, c'est facile.

– Alors, allez-y. »

Yatagan prétexta qu'il avait des sabres à affûter et s'éclipsa.

« Comprendre les lois de la physique et les vérifier sur soi-même sont deux choses différentes, nota sagement Chahzamane. Il faut du courage.

– Ou de l'inconscience, l'interrompit la jalouse Irvana**. »

Ibliss expliqua que des auteurs reprendraient l'idée. Ainsi Jules Verne sauve son héros Michel Strogoff de la cécité. Les Tartares, qui l'ont capturé, pensent l'aveugler en approchant de ses yeux une lame rougie au feu. Heureusement, Michel

* Un vrai visage ascétique n'en a pas.

** Parmi les hommes craintifs, les plus dangereux sont ceux qui craignent de ne pas paraître assez hardis, devait penser Irvana, comme Auguste Detœuf après elle.

Strogoff voit sa mère et des larmes lui montent aux yeux, larmes qui, en se vaporisant, isolent ses yeux de la chaleur.

« Regardez, elle est partie, cria Zéphyr de l'adolescence, à qui l'on avait interdit de venir, mais qui avait réussi à se cacher dans la foule des accompagnateurs du roi. »

Laab respirait vite, mais elle traversa les braises courageusement, un peu trop vite à la fin, et se jeta dans les bras du fakir, également ému. Ce n'est qu'à la fin du parcours que sa foi dans les lois de la physique flancha légérement !

Zéphyr, pratique, se précipita avec une bassine pour asperger d'eau ses pieds.

« Alors, interrogea-t-elle Laab ?

– Alors, cela chauffe un peu vers la fin, mais c'est supportable. Veux-tu essayer ?

– Mais vas-y ma fille, toi qui prétends n'avoir peur de rien, lui dit Irvana.

– Je ne suis pas sûre d'avoir bien compris ce qui protège les pieds, répondit Zéphyr, j'ai encore des lacunes en physique, aussi je risquerais de me brûler. D'autre part, je suis loin d'avoir la sagesse des fakirs : mes chakras nécessitent une bonne injection de prana pour s'aligner avec mon chi*. »

* Ce vocabulaire, tiré des philosophies hindoues, est utilisé par les membres de sectes telle que *New Age*. Tous les phénomènes bizarres ou mal expliqués sont tenus pour des manifestations des pouvoirs de l'esprit sur la matière. Cet « esprit » pourrait s'éduquer selon des concepts que d'aucuns qualifient d'ésotériques.

« Les cuisiniers testent la bonne température de leur poêle (pour les crêpes) en y projetant des gouttes d'eau, continua Schéhérazade. Quand la température est basse, les gouttes s'étalent sur la poêle, et s'évaporent rapidement. Quand la température est suffisamment élevée, les gouttes dansent sur la poêle, vibrent et courent d'un bord à l'autre. Plus la poêle est chaude, moins les gouttes s'évaporent vite ! C'est que la couche de vapeur d'eau protège la goutte avant qu'elle ne s'étale et l'isole de la chaleur de la plaque. De plus, comme pour les marcheurs sur les braises, l'évaporation de l'eau refroidit la goutte. Cet effet a été découvert par le médecin allemand Leidenfrost en 1756. »

À ce moment du récit, Schéhérazade vit apparaître le matin, et discrète se tut.

VINGTIÈME NUIT

LES SUPER-TÂCHES

Un jeune mathématicien dénommé Hossein, élève d'un élève du grand Bourbaki*, avait été invité à la cour du roi Chahzamane. Il n'était question, depuis quelques jours, que de mathématiques.

« Il faut avouer qu'il est beau, admit Irvana. Jamais les jeunes filles n'ont été aussi friandes de mathématiques. J'avoue que j'ai moi-même quelques penchants pour la plus belle des sciences. »

* Mathématicien polymorphe qui avait l'ambition de remettre à plat l'ensemble des mathématiques.

Le géologue royal, à qui l'on avait ravi la vedette, était morose. Aux mots «la plus belle des sciences», il haussa les épaules en grommelant.

Entouré d'un aréopage qui buvait ses paroles, le jeune mathématicien expliquait, à grands coups de formules, comment la somme 1 + 1/2 + 1/4 + 1/8, etc. était égale à 2.

«Pas besoin de toutes ces formules, l'interrompit le géologue royal. Prenez un ruban de tissu de 2 mètres. Placez une marque à la moitié de sa longueur, c'est-à-dire à un mètre de l'extrémité, une autre à la moitié de la moitié, c'est-à-dire à un demi-mètre de la précédente marque, une autre, etc. Vous voyez que la somme des longueurs de tous les morceaux du ruban est égale à deux mètres. Et hop. Nul besoin de toutes ces simagrées pour étudier la nature.»

L'argument était fort, mais le mathématicien avait pour lui la nouveauté et le charme. Match nul, décréta l'auditoire.

Le maître de philosophie intervint pour disserter d'un certain Achille, Grec de son état, qui poursuit une tortue. Bien que courant plus vite que la tortue, il ne la rattrape jamais, disaient les philosophes: il fait la moitié de la distance qui le sépare de la tortue, puis la moitié de la distance qui l'en sépare à nouveau, etc. et il n'a jamais fini.

«Il parcourt chacune de ces longueurs en deux fois moins de temps que la précédente, dit le mathématicien, et vous voyez qu'au bout du compte il aura rattrapé la tortue. Une somme d'un nombre infini de termes peut être finie, ici elle est égale à 2. Et hop, comme dirait notre ami, le géologue royal.»

Devant la coalition du mathématicien et du géologue, momentanément alliés contre lui, le philosophe était désemparé. Il était si triste que Zeph alla lui parler gentiment, et, pour le consoler, lui donna un manuscrit qu'un de ses amis venait d'envoyer à son grand-père, le roi Chahzamane.

« Je l'ai déjà et je ne l'ai pas lu, lui avait dit le roi. Ou on est bibliophile, ou on est lecteur. Il faut choisir. Je suis collectionneur. Fais-en ce que tu veux. »

Le philosophe s'en empara, et le lut d'une traite. Le lendemain, il convoqua la cour : un sourire illuminait ses traits cernés.

« Voyez ces deux plateaux et cette bille, dit-t-il.

– Il commence par un exemple et non par une théorie, c'est un progrès, ironisa le géologue.

– Eh bien, je mets la bille pendant une seconde dans le plateau de gauche, pendant une demi-seconde dans le plateau de droite, pendant un quart de seconde dans le plateau de gauche, etc. Voyez-vous la loi, monsieur le mathématicien ? »

Ce dernier était pâle, car il craignait ce qui allait suivre.

« Donc, après deux secondes, continua le philosophe, les transferts de bille d'un plateau à l'autre sont terminés. Et la bille est dans un plateau ou dans un autre. Dans quel plateau est-elle, messieurs les savants ?

– La question est intéressante, mais de peu de portée pratique, affirma le géologue. Vous ne pourrez, à la fin du processus, transporter suffisamment vite les billes d'un plateau à l'autre. Un transport infiniment rapide viole les lois de la relativité d'Einstein et les principes de la mécanique quantique. »

Le géologue fut conspué.

« Dire que la bille est dans un plateau ou dans un autre revient à affirmer qu'il y a un dernier élément à la suite 1, 1/2, 1/4, etc. Comme il n'y a pas de dernier terme, la question n'est pas bonne, affirma le mathématicien. »

Le mathématicien fut hué.

« Avec ce type d'arguments, siffla de colère la jeune Zéphyr, Achille ne rattrape pas la tortue. Quand les mathématiciens ne savent pas, ils disent que le problème est mal posé. C'est indigne ! »

Le roi Chahzamane interrompit les criailleries.

« Cette machine m'intéresse, dit-il. Vous vous souvenez de mes difficultés passées pour calculer tous les chiffres de π. Trouvez-moi cette machine, réglez-la de façon qu'elle calcule une décimale en une seconde, la suivante en une demi-seconde, la troisième en un quart de seconde, etc. Au bout de deux secondes, elle aura calculé toutes les décimales de π dont j'ai besoin pour recenser les livres de ma bibliothèque. Cela me coûtera ce que cela me coûtera, mais je veux cette machine. »

Il prit l'air satisfait du mécène généreux dont les dons suscitent de gigantesques progrès dans les sciences et les arts. Toutefois, sévère, il ajouta :

« Vous avez intérêt à travailler à la machine, sinon, dans un premier temps, je coupe vos crédits de recherche et, dans un second temps, je vous confie à Yatagan. »

Le philosophe, le mathématicien et le géologue étaient interloqués. Ce fut le philosophe qui trouva l'issue salvatrice.

« Bien sûr, nous allons étudier la question. Dans un premier temps, nous allons créer une commission interdisciplinaire multifonctionnelle intégrée de définition du problème infini. »

Le roi n'écoutait plus. En revanche, nos trois comparses souriaient, car ils savaient ce que parler veut dire. Et pour parler, les commissions…

« Ces super-tâches qui jouent avec les propriétés finies de l'infini restent énigmatiques, conclut Schéhérazade. Le mathématicien anglais John Littlewood (1885-1977) en inventa une moins connue : des billes sont numérotées 1, 2, 3, etc. Une minute avant minuit, on place les billes 1 à 10 dans un chapeau et on enlève la bille 1. Une demi-minute avant minuit, on place les billes 10 à 20 dans le chapeau et l'on enlève la bille 2. Un tiers de minute avant minuit on place les billes 20 à 30 et on retire la bille 3. Et ainsi de suite. À minuit, combien y a-t-il de billes dans le chapeau ? Aucune, répond Littlewood car n'importe quelle bille, la numéro 106 par exemple a été retirée à la 106e opération, 1/106e de minute avant minuit.
Dans la même veine, le mathématicien gallois Bertrand Russell (1872-1970) raconte l'histoire de Tristram Shandy qui passe une année à écrire l'histoire de la première journée de sa vie, une année à écrire l'histoire de la seconde journée, etc. " Si Shandy est immortel, aucune partie de sa biographie ne restera à l'état de projet, remarque Russell, car à chaque jour correspond une année d'écriture." Toutefois, le retard s'accumulera indéfiniment. »

À ce moment de la narration, Schéhérazade vit apparaître le matin, et discrète, se tut.

VINGT-ET-UNIÈME NUIT

LE NŒUD DE L'INTRIGUE

« Et voici le nœud de cabestan, et le nœud de chaise, et… le nœud coulant. Et voici le nœud de huit, le nœud plat, le nœud de vache, le nœud de charpentier et le nœud de capelage. J'ai décidé de collectionner les nœuds, mon cher Abdalah, et mon bon ami le marchand El Aschar m'en procure de nouveaux tous les jours. Tous plus compliqués, tous plus beaux que les précédents. »

Le roi Chahzamane avait une nouvelle passion et comptait l'exposer à la convention des Arts et des Techniques. Il avait convoqué le journaliste Abdalah pour avoir un bon compte-rendu avant l'ouverture. Le quotidien qu'avait créé Abdalah était un journal à sensation, et il fallait se concilier les bonnes grâces de cette puissante presse.

« Pourquoi dans ces nœuds les extrémités sont-elles raboutées, demanda Abdalah ?

– Ce sont les nœuds des mathématiciens. On les fabrique avec une cordelette que l'on noue, puis dont on réunit les extrémités. Les nœuds habituels aux extrémités libres sont trop simples à dénouer : il suffit d'être patient et de faire glisser une extrémité à travers toutes les boucles.

– A-t-on le droit de transformer ces nœuds de mathématicien, par exemple en élargissant cette boucle, ou en faisant passer un brin sous l'autre, interrogea Abdalah ? »

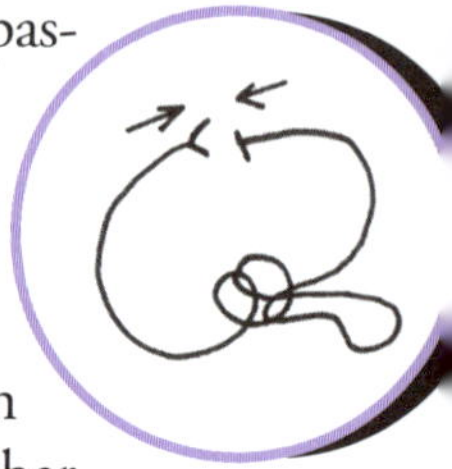

Chahzamane était heureux de l'intérêt du plumitif. Il se hâta de répondre.

« On peut faire à peu près tout sans changer la nature du nœud, sauf couper un brin. Regardez mon dernier achat, comme il est beau et compliqué. El Aschar a beaucoup progressé depuis le premier nœud tout simple qu'il m'a envoyé, le nœud qui consiste en une seule boucle. »

Abdalah recopia le nœud compliqué sur son carnet, remercia son hôte, avala goulûment quelques friandises, but quelques coupes de vin, et s'en fut, sans un regard sur les habitants et les agréments du palais.

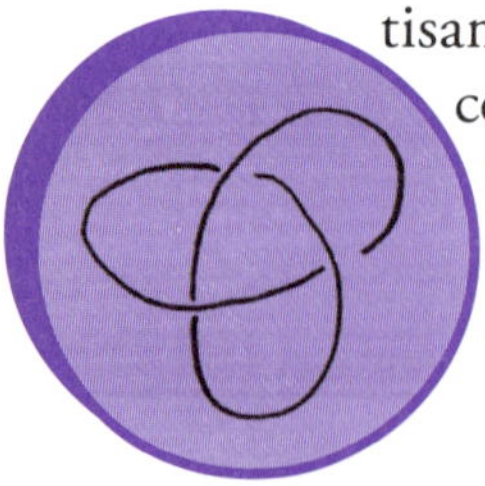

Et pourtant le spectacle était incongru. Presque toutes les courtisanes s'étaient mises au tricot, au point de riz, lequel, comme chacun sait, est équivalent au nœud de trèfle. C'est le plus facile des nœuds après le nœud en boucle simple. C'est pour cela qu'il est si aisé de défaire un tricot : il suffit d'opérer à l'inverse du tricotage en faisant passer toutes les boucles à travers l'une de l'autre. C'est-à-dire tirer sur un fil.

« Une maille à l'endroit, une maille à l'envers, ricana Laab. Ce n'est plus un harem luxurieux aux parfums enivrants, c'est un ouvroir de vieilles punaises qui sent la naphtaline. Plus de chants voluptueux, plus de musiques envoûtantes, un cliquetis assourdissant d'aiguilles. »

Le tricot n'était pas sa tasse de thé. Elle regarda par la fenêtre et reconnut Abdalah qui, dans la cour, s'escrimait avec une cordelette. Soudain Abdalah poussa un cri de joie, ce qui fit frissonner Laab. Elle connaissait son bonhomme. L'animal était… ficelle.

Abdalah se mit à courir en criant « Je le tiens, je le tiens » et se précipita vers la boutique d'El Aschar.

Celui-ci accueillit Abdalah avec inquiétude. Le sourire des uns attriste les autres.

« Vous avez trop tiré sur la corde, El Aschar, dit Abdalah. Vous avez profité de l'innocence mathématique de notre bon roi Chahzamane. Regardez le nœud compliqué que vous lui avez vendu fort cher. Eh bien, en tirant sur ce brin et en faisant passer cette boucle sous celle-ci ce nœud est le même que le nœud simple que voici*. Ô le vilain malfrat ! Ô le malhonnête ! Je me demande comment vous pourriez me convaincre de passer sous silence vos turpitudes. »

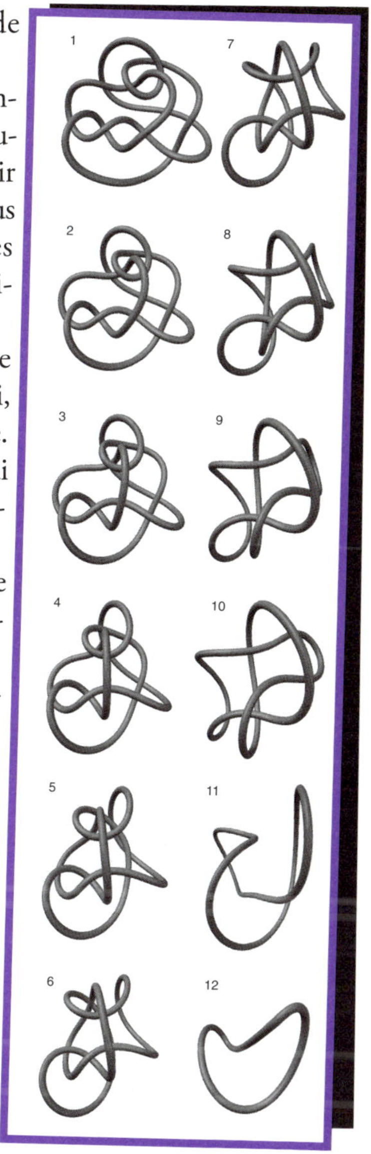

Le dénouement

* Un malheureux dénouement.

El Aschar n'en menait pas large. Il prétexta que les meilleurs mathématiciens ne savaient pas toujours reconnaître qu'un nœud était équivalent à un autre, que sa bonne foi était surprise, mais Abdalah frottait en souriant son pouce contre son index en une suggestion insistante.

El Aschar avait déjà dû beaucoup payer Abdalah pour que celui-ci ne passe *pas* de réclame pour ses industries dans son journal. Ce journal était plein de publicités pour les industries les plus crapuleuses, et Abdalah les faisait payer très cher. Il rackettait aussi les marchands qui ne voulaient pas apparaître dans une telle presse : Abdalah les menaçait de passer de la publicité qu'il rédigerait lui-même, s'ils ne se montraient compréhensifs. El Aschar, qui avait aggravé son cas, fut doublement taxé, et il s'exécuta, car il craignait la diffamation et la colère du roi.

Abdalah exultait.

« Et maintenant, Chahzamane, à nous deux », s'exclama-t-il.

Il voulait attendre l'inauguration de la convention des Arts et des Techniques pour dévoiler la naïveté et le manque de discernement de Chahzamane. Des empires étaient tombés pour moins que cela. Il demanda une nouvelle audience au roi, qui l'autorisa à revisiter sa collection. Abdalah nota que d'autres nœuds, considérés comme nouveaux, étaient équivalents. Il tenait son esclandre et ricanait de bonheur.

Mais Laab menait son enquête parallèle.

L'inauguration avançait. On avait dévoilé les expositions mineures, et on attendait la venue du roi. Enfin un mouvement de foule annonça son arrivée. Il portait un magnifique chandail tricoté par sa fille Irvana. Les favorites du roi portaient, qui un passe-montagne, qui des moufles, qui des jambières. En ce mois d'août caniculaire, cet accoutrement surprenait beaucoup.

Le fourbe Abdalah attendait son heure, et un rictus déformait son visage. Il s'avançait vers le roi, quand Laab le prit par le bras pour lui parler.

« Souviens-toi, lui dit-elle, quand tu écrivais des articles tels que celui-ci. Je lis :

"Le roi, ce poussah ventru, ce monarque falot et d'une rare stupidité..."

Dois-je continuer ? Tu les signais Haladba. Mais ma sœur était à l'époque ton amie, et elle a conservé les brouillons. Mon silence contre le tien, mon cher Haladba. »

Abdalah ne demanda pas son reste… et le bon roi Chahzamane ne sut rien du péril qui l'avait menacé.

« À la fin du XIXe siècle, les physiciens Tait et Thomson établirent les bases de la théorie des nœuds. Ils pensaient que les liaisons entre molécules résultaient de nœuds de l'éther, tous différents, raconta Schéhérazade. L'hypothèse était inexacte, mais la théorie des nœuds était née. Aujourd'hui, les physiciens et les mathématiciens étudient une généralisation, qui est la théorie des cordes.
Pour les nœuds, la question principale reste ouverte : comment peut-on dire si deux nœuds sont différents ? Une notion intéressante, celle d'invariant, a été appliquée au nœud : un invariant est une propriété du nœud qui reste "invariante" quand on transforme un nœud en faisant passer une boucle sous l'autre par exemple, sans le couper. Malheureusement les mathématiciens cherchent encore un invariant qui caractérise complètement un nœud.
Les nœuds, initialement l'art du marin, ont envahi toutes les disciplines, en biologie pour étudier les propriétés de l'ADN, en physique où les propriétés des polymères dépendent de la façon dont ils sont noués, jusqu'à la chimie où l'on sait aujourd'hui fabriquer des molécules nouées. »

À ce moment de la narration, Schéhérazade vit apparaître le matin, et discrète, se tut.

VINGT-DEUXIÈME
NUIT

LE PARLER VRAI

Sindbad décrivait son dernier voyage, et ses récits, dramatiques, étaient passionnants.

« Quel conteur, pensait Irvana, admirative.

– Ceux qui ne savent pas raconter ne méritent pas de voyager ; ils ne nous rapportent rien de leurs expéditions, remarqua Zéphyr de l'adolescence. »

Sindbad, qui n'aimait pas être interrompu, s'était arrêté. Le roi Chahmazane fronça les sourcils et tança les bavardes. D'un geste de la main, il invita Sindbad à poursuivre.

« La mer devenait forte, continua Sindbad, et une puissante houle martelait les flancs du navire. On ne voyait pas le ciel à travers les nuages, et des éclairs zébraient l'horizon. Une vague gigantesque avait arraché une des rames qui servaient à gouverner, et le contrôle du navire était bien difficile. Le navire tenait l'eau… qu'il avait embarquée. Je surveillais la coque qui heurtait les récifs, prêt à prévenir l'équipage d'une voie d'eau*. Nous étions inquiets, nous étions épuisés.

"Terre", cria la vigie.

Je reconnaissais le dessin de la côte dans les brumes de l'horizon. Le pays s'appelait l'Elpénie et, hélas, il avait mauvaise réputation. Aucun voyageur n'en était jamais revenu et les marins n'y abordaient plus.

"Nous sommes certains de périr noyés, affirma Giaffar, mon second, aussi avons-nous le choix ? Nous devons affronter les dangers de l'Elpénie !"

Les talents logiques de Giaffar sont connus de tous ; aussi avons-nous suivi son conseil, et abordé dans l'unique baie d'Elpénie. Là, des soldats se saisirent de nous et nous entraînèrent au palais. Sans nous permettre de nous réchauffer, ni de nous reposer, les soldats nous conduisirent dans la salle des décisions de justice où trônait Deuk Anar, l'Émir d'Elpénie. La décoration de la salle était d'un goût douteux ; le rouge et le noir abondaient, dans leur inquiétante association.

"Les Elpéniens n'aiment pas beaucoup les étrangers, tous puants, leur affirma Deuk Anar. Toutefois, dans notre bienveillance, nous leur offrons une chance, dit-il en ricanant."

Nous frémissions de froid, de faim, et de terreur.

* Heureusement, il n'y avait rien de neuf à la coque.

Heureusement, notre intelligent Giaffar restait concentré et attentif. Sans Giaffar, nous ne serions pas ici.

“Notre bourreau va vous poser une question. Si, en répondant, vous dites la vérité, vous serez immolés à la Déesse de la Vérité, continua Deuk Anar. Si vous mentez, vous serez sacrifiés à l'Idole du Mensonge. Telle est notre hospitalité pour les étrangers… Appelez le bourreau.”

Les marins étaient terrorisés. Il leur semblait ne pouvoir échapper à leur fatal destin, car l'Elpénie n'avait pas supprimé les condamnations à mort*. Seul Giaffar conservait espoir.

Ventru et musculeux, le bourreau entra dans la salle, en traînant un sabre gigantesque.

“Posez votre question, bourreau subtil et cruel, lui ordonna-t-il.”

Appuyé sur son sabre, le bourreau demanda qui voulait commencer.

“Je suis le premier, répondit Giaffar.” »

Une rumeur se répandit dans l'assistance du roi Chahmazane, et Laab exprima l'admiration générale en battant des mains :

« Quel courage. Comme nous aimons déjà Giaffar ! »

Le roi Chamahzane acquiesça.

« Courageux, et comme vous allez le voir, salvateur. Donc, reprit Sindbad, Giaffar s'avança, défiant le bourreau du regard.

“Pose ta question, boucher, lui intima-t-il.”

D'une voix caverneuse, le bourreau l'interrogea.

“Quel sera ton supplice, lui demanda-t-il ?”

Les marins se tordaient les mains. À la perversité, le bourreau ajoutait le cynisme. Giaffar est perdu, pensaient-ils.

Notre héros logicien pesa sa réponse un instant. Puis, assuré, répondit.

“Je serai immolé à votre Idole du Mensonge, affirma-t-il.”

Un rictus déforma le visage déjà torturé de l'Émir d'Elpénie.

* Sauf pour le bourreau, qui ne pouvait être exécuté. Toute tentative de suicide lui était interdite, sous peine de prison, mais la peine capitale ne lui était pas applicable.

Il ne pouvait appliquer sa loi. »

« Voyez-vous pourquoi, demanda Sindbad ?

– J'ai compris, s'écria Laab. Si le bourreau sacrifiait Giaffar à l'Idole du Mensonge, alors celui-ci avait dit la vérité, et il aurait dû être tué sur l'autel de la vérité. Mais si le bourreau immolait Giaffar devant la Déesse de la Vérité, alors il avait menti, et aurait dû périr devant l'Idole du Mensonge. La situation était inextricable. »

Sindbad acquiesça.

« La réponse de Giaffar créa un grand tumulte à la cour de l'Émir. Le bourreau s'était assis pour réfléchir. La tête dans ses mains il était perdu dans ses réflexions contradictoires. L'Émir et son amante conversaient avec les conseillers. Nous avons profité de la confusion pour nous saisir de son sabre, je me suis saisi de l'épouse de l'Émir que nous avons traînée en otage, jusqu'aux cuisines royales où nous avons rempli nos sacs de provisions. Puis nous sommes retournés à notre navire, toujours en compagnie de notre otage, le tranchant du sabre sur sa gorge. Nous avons repris notre bateau, car la tempête s'était apaisée, bordé le foc, souqué l'écoute de la grand-voile, et viré de bord. À distance raisonnable du rivage, nous avons balancé la femme par dessus bord*. Et nous voilà, termina Sindbad. »

Chahmazane était debout et applaudissait Giaffar et Sindbad triomphants. Même le petit mousse arborait un air vainqueur**. L'assemblée trépignait de joie.

« L'Émir d'Elpénie était piégé. Il ne pouvait échapper à la contradiction, affirmait Laab.

– Savoir que les mots sont trompeurs ne permet pas de déjouer leur piège, remarqua Giaffar.

– Croyez-vous, dit Irvana ? Il aurait pu affirmer : "J'ai le droit de me contredire."

* L'amante à l'eau.

** La défaite est orpheline, mais la victoire a de nombreux pères.

– Certainement pas, rétorqua l'impatiente Laab, avant que Giaffar n'ait pu répondre. Si l'on applique cette phrase à elle-même, il a le droit de se contredire, quand il prétend pouvoir se contredire. Donc l'Émir ne pouvait pas se contredire… »

« Le paradoxe existe déjà dans Don Quichotte, continua Schéréhazade. La loi était ainsi conçue : "Si quelqu'un passe sur ce pont d'une rive à l'autre, il doit jurer premièrement en quel lieu et vers quelles personnes il va. S'il dit la vérité, qu'on le laisse passer, et s'il profère un mensonge, qu'il soit pendu à ce gibet sans aucune rémission."
Or il arriva qu'en faisant jurer un homme, celui-ci dit que, par le serment qu'il faisait, il s'en allait mourir à ce gibet qui était proche, et qu'il n'allait pas faire autre chose.
Il a juré la vérité, et de par la loi il mérite d'être libre et de passer le pont. Mais si on ne le pend point, il a juré un mensonge, et par la même loi, il mérite d'être pendu. »

À ce moment de la narration, Schéhérazade vit apparaître le matin, et discrète, se tut.

VING-TROISIÈME NUIT

LES FEMMES INFIDÈLES

La peste des hommes mariés, pensait Laab ! Toujours soupçonneux, toujours inquiets.

« Je ne me marierai jamais, s'exclama-t-elle à haute voix.

– Et avec qui une favorite du roi pourrait-elle vouloir se marier, grogna Chahmazane ? »

Le roi était colère. Une grande part des femmes de la cour étaient infidèles. L'Émir de la police, ravi de l'efficacité de ses services* l'avait prévenu : sur les 40 maris de la cour, 10 étaient trompés. Bien sûr, chacun connaissait les autres femmes infidèles, mais bien évidemment il ignorait si la sienne l'était : un homme trompé est toujours le dernier à connaître son infortune.

Chahmazane expliqua la situation à Laab, qui n'était guère compréhensive.

« Pourquoi vous mêlez-vous de ces histoires de couples, Sire ?

– Je dois punir. Si toutes les femmes étaient infidèles, ce serait plus facile. On les exécuterait toutes. Mais certaines ne le sont pas… encore.

– La coutume est barbare, s'exclama Laab.

– Mais c'est notre loi. De plus, elles doivent périr des mains de leur mari. Mais le mari est le seul qui ne sait pas… Comment faire ?

– Demandez à Ibliss. Cela me ferait plaisir de le revoir. »

Ils firent venir le djinn, tout joyeux de se rendre utile. Laab lui exposa le problème en quelques mots.

« Aisé, dit le djinn. Promulguez un décret, annonçant que certaines femmes de Samarkand sont infidèles. Et que chaque mari doit punir sa femme dès le matin où il est certain du manquement de son épouse.

– Essayons dit le roi, mais je ne vois pas en quoi cela sera efficace, car un mari ignorant ne peut punir. »

Le grand vizir réunit les hommes de la cour du roi et leur apprit le décret. Beaucoup se prirent à rire, poussant du coude leur voisin et lui indiquant que certaines personnes de leur connaissance auraient intérêt à aiguiser leur sabre. Hélas, le voisin savait souvent l'infortune de l'interlocuteur, et cela nuisait à l'entrain de la conversation.

* Les manquements à la morale plaisent, à la fois, à ceux qui les pratiquent et à ceux qui font profession de les combattre.

« Que va-t-il se passer, demanda Laab ?

– Réfléchis et attends, répliqua le djinn. »

Le premier matin, rien ne se passa. Dix femmes infidèles poussèrent un ouf de soulagement. Le second matin, aucune exécution, le troisième matin, rien non plus. Les dix infidèles respiraient. À tort : le dixième jour, elles passèrent toutes de vie à trépas.

« J'ai compris dit Laab. Chaque mari trompé connaissait neuf femmes infidèles. Chaque mari non trompé en connaissait dix. Le matin du dixième jour, chaque mari trompé se tint le raisonnement suivant :

“Si ma femme était fidèle, comme je connais neuf femmes infidèles, les neuf maris trompés auraient exécuté leur femme le matin du neuvième jour. Comme aucun ne l'a fait, c'est qu'il y a dix femmes infidèles, dont la mienne. Demain matin, ma vengeance éclatera.”

– Et comme les maris non trompés connaissent dix femmes infidèles, ils auraient attendu un jour de plus, ajouta Ibliss. »

Le roi était perplexe. Il était content que son épouse ait été fidèle, alors que lui… Mais il ne comprenait pas le raisonnement.

Ibliss vint à son secours.

« Prenez des nombres moins grands, cela est plus facile, conseilla-t-il au roi. Imaginez qu'il n'y ait eu qu'une femme infidèle. Tous les maris la connaissaient, sauf le pauvre trompé. Comme celui-ci ne connaît aucune femme infidèle, c'est certainement la sienne, aussi l'occit-il le premier jour au matin.

– Aisé à comprendre, dit le roi. Et pour deux ?

– Chacun des deux maris trompés connaît une femme infidèle. Comme le premier jour, aucun ne tue sa femme, le second jour chacun d'eux sait que la sienne l'a trompé et il l'exécute.

– Je vous comprends fort bien, dit le roi. Combien il est intéressant de philosopher ainsi entre amis mathématiciens*.

– J'en connais une qui va être bien attrapée quand on saura qu'elle est fidèle, dit Laab. Elle se vante toujours de ses exploits amoureux.

– Qui est-ce demanda le roi ? »

Sans répondre, mais avec un petit sourire, Laab s'en alla en sifflotant.

Ibliss savait que c'était l'épouse de Chahmazane, mais le roi n'a jamais su qu'il aurait dû être malheureux d'avoir une femme fidèle, qui se targuait pourtant de ne pas l'être**.

« Il existe, dans la vie, de nombreuses situations où l'on doit employer des stratégies, sans connaître initialement toutes les données, affirma Shéhérazade. Il faut, lors du déroulement de la situation, observer les réactions des protagonistes et en déduire des comportements optimisés. On a longtemps utilisé pour ce faire des règles tirées de l'expérience ou heuristiques. En 1944, les travaux de John von Neumann en théorie des jeux ont systématisé la question et lancé une théorie mathématique qui est utilisée aujourd'hui en économie et stratégie militaire. »

À ce moment de la narration, Schéhérazade vit apparaître le matin, et discrète, se tut.

* Voir les travaux de Chichk et Bahb, « On the communicability of infidelity », *Sodome Journal of sexual transit*, et aussi Minar et Du Soukh, « Sur la non-communicabilité de la fidélité », *Journal des transports en commun*.

** Il aurait dû être désespéré de ne pas être désespéré. L'anxiété est une condition passagère et normale, et la seule source d'anxiété est de ne pas être, de temps en temps, anxieux.

VINGT-QUATRIÈME NUIT

LE CATALOGUE DES CATALOGUES

Le roi Chahmazane était fier et heureux de sa bibliothèque. Il aimait s'y promener le soir, baigné du savoir du monde, et rêver aux efforts des hommes pour transmettre leurs connaissances. Des savants étrangers venaient y donner assaut à la sagesse* humaine consignée dans des ouvrages rares. Chahmazane les interrogeait sur leurs vies, leurs préoccupations et les coutumes des pays où ils vivaient. Il tirait profit de leurs expériences et ses visiteurs lui enseignaient autant qu'ils apprenaient dans ses livres.

* Sagesse n'est point folie, affirme le philosophe Joël Martin.

Chahmazane déambulait pensif, devant les rayons où la douce lumière de la lune caressait la tranche des ouvrages. L'atmosphère était à la paix et au bonheur philosophique.

En ce temps-là, un linguiste travaillait au palais. Chahmazane décida d'aller lui parler et, pour parfaire son hospitalité, fit apporter dans la salle centrale un repas léger pour les intimes de sa cour et son visiteur. Léger… du point de vue de sa magnificence de roi gourmand : des soupes, des pâtés, des fruits et des entremets succulents. Le linguiste était à la fête, car il était assez rare qu'on le traite ainsi, habitué qu'il était aux en-cas des symposia. Il appréciait aussi d'être entouré de Laab, d'Irvana et du petit logicien Giaffar. À son habitude, Zéphyr de l'adolescence taquinait Giaffar, car elle avait décelé son inclination pour Laab. Et quand Zéphyr avait mordu, elle ne lâchait plus.

Chahmazane interrompit leurs babillages et leurs taquineries.

« Reprenez un peu de ce vin, Monsieur le linguiste, et dites-moi comment je pourrais vous rendre cette bibliothèque plus agréable, ou plus commode. Je voudrais avoir la plus belle bibliothèque du monde.

– Vanité, que tout cela. Mon père est vaniteux, et tous ces livres ne lui ont pas appris grand chose, remarqua Irvana.

– Mais non, répliqua Chahmazane, je veux la plus belle bibliothèque pour qu'elle soit au service de tous.

– Puisque vous m'interrogez, répondit le linguiste, je voudrais qu'il existe des catalogues de vos livres, et de tous les livres qui sont éparpillés dans les bibliothèques de votre royaume. Ces catalogues seraient établis dans toutes les bibliothèques, publiques ou privées, et vous pourriez avoir la liste complète pour la placer dans votre bibliothèque.

– Et faire un catalogue des catalogues, suggéra Laab. Quelle bonne et utile idée. »

Le roi agit immédiatement et dépêcha des messagers dans tout son royaume. Tous les possesseurs de bibliothèque devaient établir le catalogue de tous les livres qu'ils avaient dans leur bibliothèque, en faire une copie pour eux-mêmes, et envoyer l'original au roi. Ils obtempérèrent.

Mais il y avait une difficulté que personne n'avait prévue. Le catalogue faisait partie des livres des bibliothèques ; aussi fallait-il inclure une mention du catalogue dans le catalogue d'une bibliothèque ou ne pas le mentionner ?

Irvana, le linguiste et Laab pensaient qu'il fallait mentionner le catalogue dans le catalogue, Zéphyr était d'avis contraire.

Ils reçurent des milliers de catalogues. Bien évidemment, certains avaient référencé le catalogue dans le catalogue de leur bibliothèque, d'autres pas… Le linguiste, pour faire son intéressant, remarqua que les premiers prenaient les instructions au pied de la lettre, et que les seconds faisaient preuve de plus d'indépendance d'esprit.

Le chef de la police de Chahmazane émit un nouveau souhait : pouvait-on faire le catalogue de tous les catalogues qui se mentionnent eux-mêmes, et le catalogue de tous ceux qui ne se mentionnent pas ?

Le logicien Giaffar restait pensif. Son visage torturé reflétait son débat interne. Il s'exclama soudain.

« C'est impossible !

– Qu'est-ce qui est impossible, mon bon Giaffar ? l'interrogea Laab, inquiète de la torture qu'il semblait subir.

– Le catalogue des catalogues qui ne se mentionnent pas eux-mêmes ne peut exister !

– Même si telle est ma volonté ? » interrogea Chahmazane.

Chahmazane commençait à s'agacer de l'indépendance d'esprit des scientifiques*.

* À Göttingen, grand centre de mathématiques dirigé par Felix Klein, il y avait deux ensembles de mathématiciens, ceux qui font ce qu'ils veulent et ceux qui font ce que leur commandait Klein. À quelle catégorie appartenait Klein ? À aucune. Donc Klein n'était pas mathématicien, ironisaient ses élèves.

« C'est impossible et un point c'est tout, rétorqua Giaffar. Imaginez que ce catalogue existe. C'est le catalogue de tous les catalogues qui ne se mentionnent pas eux-mêmes.

– Allez-y doucement, l'interrompit Laab, il faut réfléchir à fond à ce genre de notion.

– Alors de deux choses l'une : ou ce catalogue fait référence à lui-même, ou il n'y fait pas référence.

– Certain, approuva Zéphyr, il n'y a pas d'autres possibilités.

– Imaginons qu'il fasse référence à lui-même. Alors il fait partie de l'ensemble des catalogues qui se mentionnent. Mais il ne doit pas être inclus dans le catalogue des catalogues qui ne se mentionnent pas eux-mêmes.

– Donc il ne fait pas référence à lui-même, c'est simple dit Zéphyr.

– Mais alors, si tel est le cas, il fait partie des catalogues qui ne font pas référence à eux-mêmes, Donc, il est inscrit dans ce catalogue, le catalogue des catalogues qui ne font pas référence à eux-mêmes, et donc, il fait mention de lui-même. C'est impossible.

– Dans les deux cas nous avons une contradiction. Donc ce catalogue ne peut exister. De même, il n'existe pas d'ensemble de nombres ordinaires. »

Chahmazane était triste. On ne peut être sûr de rien*, maugréa-t-il. Aussi consulta-t-il le linguiste.

« Que pensez-vous de cette histoire, l'interrogea-t-il ?

– C'est une difficulté que nous avons aussi rencontrée en linguistique, affirma celui-ci. Ainsi, on pensa longtemps qu'il y avait les adjectifs qui étaient auto-descriptifs, comme court, qui est un mot court, et les adjectifs non-auto-descriptifs, comme long, qui n'est pas long.

– Avez-vous d'autres exemples ? demanda Laab, intéressée.

– Par exemple polysyllabique, français, imprimé, sont auto-

* Ni même du fait qu'on ne peut être sûr de rien…

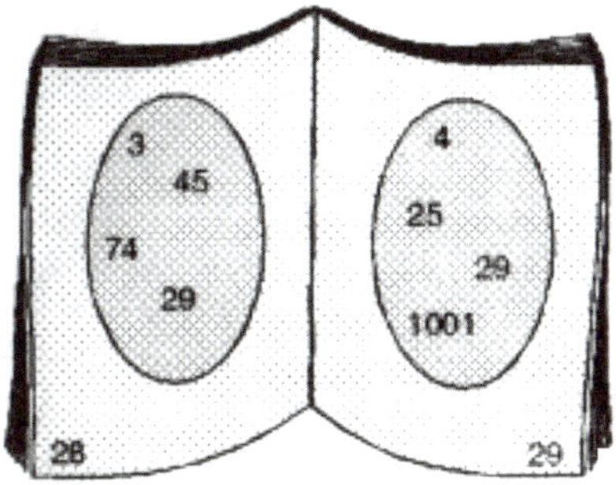

28 est un nombre ordinaire : il n'est pas membre de l'ensemble inscrit sur la page 28.

29 est un nombre extraordinaire : il est membre de l'ensemble inscrit sur la page 29.

L'ensemble des nombres ordinaires n'existe pas car il ne peut pas figurer sur aucune page du livre.

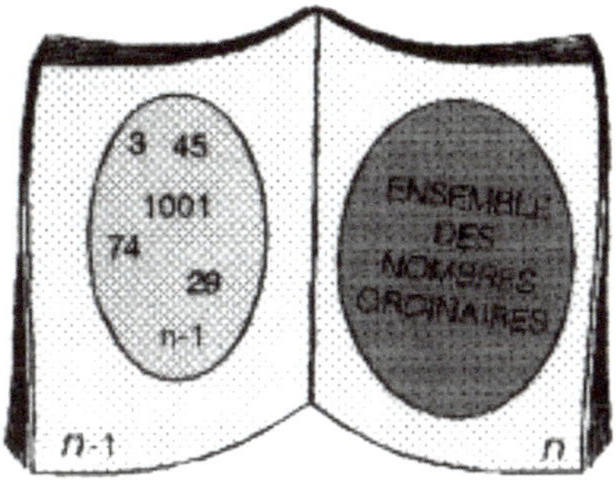

descriptifs, alors que monosyllabique, allemand, rouge ne sont pas auto-descriptifs*.

– Et alors ? demanda le roi.

– Et alors comment classer non-auto-descriptif ? S'il est auto-descriptif, alors il est non-auto-descriptif, et s'il est non-auto-descriptif, alors il est auto-descriptif, sourit narquoisement le linguiste**.

– Les mots inclassables forment une classe à part, nota Laab.

– Les logiciens du Moyen Âge se préoccuperont de la question, reprit Giaffar. Ils débattront longtemps pour savoir si un

* Attention : l'adjectif barbarismique, régulièrement formé, n'est pas un barbarisme : il n'est pas auto-descriptif, ce qui, sémantiquement, est curieux.

**La partition d'éléments entre deux ensembles peut se révéler impossible : supposons que nous voulions séparer les nombres en deux ensembles, l'ensemble des nombres non remarquables et l'ensemble des nombres remarquables. Prenons le plus petit nombre non remarquable : en cela il est remarquable, et donc doit être classé dans les nombres remarquables où il perd alors son caractère. Et l'on peut continuer ainsi dans l'ensemble des nombres non remarquables... qui sont alors tous remarquables.

ensemble de choses peut être une chose concrète ou non*. Il faudra attendre le XXᵉ siècle pour comprendre la nécessaire hiérarchie entre le mot qui désigne une collection d'objets et un de ces objets.

– Aussi quand le président de la France, Jacques Chirac a dit: "J'aime les pommes, en général", il confondra la généralité des pommes avec le fruit pomme, remarqua Irvana.

– Et la généralité des pommes n'est pas une pomme. Confusion dramatique, confirma Giaffar, surtout pour les gaullistes qui se réclament du Général.

– Confusion fréquente. On a souvent dit que Laab aimait l'Homme, mais cela signifie les hommes, une grande variété d'hommes. Cela ne peut signifier un homme particulier, mon pauvre Giaffar, ajouta la vipérine Zéphyr… »

« La possibilité qu'il existe un catalogue de tous catalogues ou des ensembles de tous les ensembles, avait été utilisée par le logicien allemand Gottlob Frege (1848-1925), qui voulait édifier les mathématiques sur une base solide, raconta Schéhérazade. Le mathématicien Bertrand Russell lui envoya une lettre exposant le paradoxe et sa solution logique. Frege ajouta une note au second volume de son œuvre : "Un scientifique peut difficilement concevoir un événement plus désagréable que de voir les fondations de son œuvre s'écrouler alors que l'édifice est fini. Je me suis retrouvé dans cette situation après avoir reçu la lettre de M. Bertrand Russell." »

À ce moment de la narration, Schéhérazade vit apparaître le matin, et discrète, se tut.

* Le philosophe du XIVᵉ siècle, Jean Buridan, celui de l'âne, alla même plus loin. Dans *Sophismata*, un de ses adages est : Personne ne croit cette phrase. Cette phrase est-elle vraie ? s'interroge Buridan. Si ce qu'elle dit est vrai, alors personne ne la croit et donc personne ne la sait vraie. Mais si elle est fausse, alors une personne au moins la croit vraie, ce qui fait qu'elle est fausse par la faute même de la personne qui la croit vraie.

VINGT-CINQUIÈME
NUIT

L'ENFER DU JEU

Lune-du-Temps avait la gorge sèche et les mains moites : c'était à son tour de jouer, et elle se demandait si son redoutable adversaire, la belle Farizade, bluffait. Elle toucha son porte-bonheur, une pierre de basalte noire qu'elle avait rapportée de son voyage chez les Sregnarté, et relança d'une grosse somme. Farizade leva les yeux d'étonnement, et repoussa ses cartes : elle abandonnait. Les joueurs professionnels, tels que Farizade, savent s'arrêter.

Abnous, le mari de Lune-du-Temps, n'était pas joueur, mais accompagné du djinn Khoka, il admirait les richesses de la maison de jeu de l'île d'Énos. Et la beauté des joueuses. Khoka frémit en une mini tornade voluptueuse en voyant Farizade. Elle était d'autant plus dangereuse que sa beauté juvénile impressionnait Abnous.

« Méfions-nous, remarqua Khoka, ce fut la seule à ne pas payer le maître du jeu, le terrible Kassim.

– Pensez-vous qu'une femme aussi belle et aussi pure puisse être mauvaise ? s'enquit Abnous.

– La candeur des traits peut cacher une âme perverse, répondit Khoka. Les hommes ne savent pas cela. Je vais vous raconter comment elle trompa Kassim. »

Ils s'éloignèrent vers un salon où des rafraîchissements les attendaient. Dans les casinos, tout était à disposition, pour que les joueurs ne s'éloignent pas trop des tables de jeu.

« Kassim avait fondé une école de jeu. Là, il enseignait ses manipulations aux apprentis joueurs et Farizade était la plus douée de ses élèves : ses mains agiles avaient la dextérité du joueur de cithare. Pour paiement de son enseignement, Kassim exigeait de ses élèves qu'ils lui donnent les gains de leur première année de jeu. Nul n'avait osé enfreindre cette loi, car les hommes à la solde de Kassim étaient de redoutables tortionnaires.

– Et s'ils perdaient, s'enquit Abnous ?

– Cela était rare, mais dans ce cas, Kassim leur donnait le double de leurs pertes, et renouvelait le contrat pour un an.

– Comment Farizade échappa-t-elle à la règle, demanda Abnous ?

– Elle défia Kassim, et lui proposa de ne jouer avec nul autre que lui pendant l'année probatoire. Kassim ne vit pas le piège. Il accepta la gageure.

“Je ne risque rien, pensait-il. Si je gagne au jeu, ce qui est probable, je ruinerai Farizade; si j'avais le malheur de perdre, alors elle devra me verser ses gains, pour payer mon enseignement, selon les termes de notre accord.”

– Ainsi Farizade ne pouvait gagner, remarqua Abnous.

– Là réside son génie. Elle retourna l'argumentation de Kassim :

“Si je gagne, expliqua-t-elle, alors je conserverai la somme d'argent gagnée au jeu sur Kassim, car j'appliquerai les règles du jeu. Et si je perds, Kassim devra me rembourser le double de mes pertes, d'après notre contrat.”

– Il y avait là une contradiction patente entre les règles d'un contrat et les règles du jeu. Comment pouvait-on trancher? La décision pouvait être prise avant même qu'ils ne jouent car, quelle que soit l'issue des parties, le conflit menaçait.

– L'affaire passa en justice. Les juges ne purent statuer, d'autant que le jeune avocat nommé Euathlus évoqua la jurisprudence d'un cas semblable. Euathlus, continua Khoka, avait passé un marché avec Protagoras, son professeur de droit. Il devait lui verser les honoraires de la première cause qu'il gagnerait à la sortie de l'École. Euathlus était paresseux* et avait décidé de ne pas plaider, il préférait le jeu. Aussi Protagoras lui fit un procès pour le sommer de payer son dû. Euathlus décida de défendre sa propre cause.

“Je suis tranquille, pensa le professeur. Si je gagne le procès, Euathlus sera condamné à me payer, et si je perds, il aura gagné sa première cause, et devra s'acquitter de sa promesse contractuelle.”

* En ces temps reculés, la paresse était universellement répandue, mais évidemment personne ne combattait l'apathie générale.

– Il n'avait pas prévu, continua Khoka, que Euathlus plaiderait tout différemment sa cause devant les juges :

"Si je gagne, alors Messieurs les juges, votre décision de justice en ma faveur m'acquittera de ma dette envers mon professeur, et si je perds, je ne lui devrai rien car je ne dois le payer qu'à la première cause gagnée."

Les juges décidèrent que de tels cas ne pouvaient être du ressort de la justice et renvoyèrent dos-à-dos les plaideurs.

– Aussi, poursuivit Khoka, quand Farizade et Kassim se présentèrent devant les juges, Euathlus leur embrouilla si bien l'affaire en racontant son histoire, qu'ils ne purent statuer, et Farizade fut libérée de ses obligations. Kassim ne pouvait l'obliger à payer. »

Abnous était perplexe. Au bout d'un moment, ses pensées dévièrent.

« Comment se fait-il que Lune-du-Temps ait pu gagner contre Farizade ?

– Parce qu'elle a sa pierre de basalte noire. Un talisman si l'on veut. Quand elle la touche, elle fait un petit bond temporaire dans le futur, et voit un court instant le jeu de son adversaire. Alors quand elle revient au temps présent, elle sait jouer avec discernement… Farizade a dû se douter de quelque chose au XVIIIe siècle. »

« L'affaire du professeur et de l'élève a été reprise au XVIIIe siècle par le fabuliste Jean-Pierre Claris de Florian dans *Le Procès des deux renards*. Jean Paulhan prétend, dans *Les Fleurs de Tarbes* paru en 1941, qu'une affaire semblable a été jugée entre Maître Henri Robert, un des ténors du barreau de l'époque, et Maître Dudous, qui voulait apprendre l'éloquence. En fait, le professeur ne devait plus enseigner et il fallait interdire à l'élève de poursuivre la profession d'avocat, prétend Schéhérazade.
Ces antinomies juridiques sont fréquentes et font le délice des professeurs de droit. Examinons un autre cas mettant en opposition deux lois.
Première loi : si, dans un naufrage, un seul homme est sauf, le navire lui appartient.
Seconde loi : un fils déshérité par son père ne peut avoir aucun de ses biens.
Que se passe-t-il alors si un fils, déshérité, est resté seul après un naufrage sur un bateau de son père ? »

À ce moment de la narration, Schéhérazade vit apparaître le matin, et discrète, se tut.

VINGT-SIXIÈME NUIT

LES MARTINGALES DÉVOILÉES

Chahmazane déambulait dans les couloirs de son palais qui s'était transformé en tripot. La mode était au jeu : Farizade avait été invitée au palais par Abnous, au grand dépit d'Irvana, et elle persuadait tout le monde de jouer.

« Elle gagne plus au jeu qu'à être connue, sifflait Irvana. »

La plupart des participants jouaient à pile ou face, jeu relativement simple et visiblement équitable. D'autant que Farizade avait vendu à certains naïfs une recette pour gagner.

« La chance est le facteur qui explique le succès des autres, expliqua Farizade. Nous allons en maîtriser les lois. Quand vous jouez, leur prescrivait-elle, dès que vous gagnez dix dinars, vous vous arrêtez. Cela arrivera nécessairement : la loi de pile ou face impose qu'à un certain moment vos gains soient de dix dinars. Puis vous recommencez avec un autre partenaire. Là encore vous arrêtez de jouer dès que vous avez gagné dix dinars. »

« Je vais tenter cela, dit Zéphyr de l'adolescence, mais avec des mises plus importantes, car moins on parie, plus on perd quand on gagne. »

Irvana avait quelques doutes sur le raisonnement de Farizade : il lui semblait bizarre que tout le monde puisse gagner en jouant les uns contre les autres. Le mathématicien Hossein lui expliqua, à grand renfort de graphiques et de formules, où péchait le raisonnement.

« Au cours du jeu, il arrivera obligatoirement un moment où vous perdrez la somme que vous avez décidé de jouer, plus les dinars que vous avez mis de côté. Alors vous serez bien forcée de vous arrêter. Et vous aurez tout perdu...

– Cela signifie-t-il que tous les gains et les pertes apparaîtront au cours du jeu ? demanda Zéphyr qui avait joué et perdu son argent de poche.

– Certainement, et moins vous avez d'argent, plus cela arrive vite, répondit Hossein.

– Alors il faut être plus fortuné que son partenaire, en conclut Zéphyr. C'est pour cela que notre riche roi Chahmazane gagne toujours : il a plus d'argent que tout le monde, et peut subir des pertes plus importantes que ses adversaires.

– Il est en effet probable que s'il est deux fois plus riche que son adversaire, ce dernier sera à sec deux fois plus vite que lui, confirma Hossein. »

Mais qui écoute les mathématiciens ? Les membres de la cour choisissaient plutôt de croire Farizade qui les incitait à suivre leurs penchants. Aux rares qui avaient été convaincus par Hossein, elle délivra un second message d'espoir… contre quelques monnaies, évidemment.

« Voyez le roi Chahmazane, il a décidé de tenir la banque. Il joue à pile ou face contre tous ceux qui le veulent. Chacun peut choisir à chaque coup son enjeu. Aussi vous allez doubler votre mise à chaque nouveau tirage, jusqu'à ce que vous gagniez, leur expliqua-t-elle.

– Elle est en train de leur fourguer la montante de d'Alembert, ricana Hossein. »

Farizade le fusilla du regard.

« Explicitons le déroulement de la partie, continua-t-elle. Si vous gagnez au premier coup, vous remportez l'équivalent de votre mise, 20 dinars par exemple, et vous vous arrêtez. Si la première chance vous a été défavorable, vous doublez votre mise initiale et vous jouez 40 dinars. Si vous gagnez à ce coup, vous avez au total gagné 20 dinars. Si vous avez encore perdu, vous doublez de nouveau. Quand vous finirez par gagner une partie, vous serez bénéficiaire de 20 dinars.

– Sauf, encore une fois, si vous avez perdu, avant de gagner une seule partie, la totalité de la somme dont vous disposiez, ironisa Irvana. Cette aventurière causera votre ruine à tous. Pourquoi, d'ailleurs, vous vend-elle des martingales, au lieu de les appliquer elle-même, si elle est si maligne ? »

Cet argument, d'ordre psychologique, porta ses fruits. Sauf pour Abnous qui buvait les paroles de la joueuse professionnelle. Hélas pour lui, une suite de paris malchanceux sur pile coïncidant avec des sorties répétées de faces, lui fit perdre tout le montant de sa bourse. Il vint supplier sa femme de lui prêter quelques picaillons. Emprunt qui lui fut refusé assez sèchement. Il chercha alors des yeux Farizade, mais celle-ci prudemment, avait disparu.

« Je vais essayer une nouvelle tactique, dit Zéphyr. Hossein nous a expliqué que pile sortait aussi souvent que face. Aussi, pour que le nombre de piles égalise le nombre de faces, après une longue série de piles, face a plus de chances de sortir. Je vais jouer pile après une série de deux sorties de faces, comme cela j'aurais plus de chances de gagner. »

Zéphyr, contente de sa déduction mathématique, interrogea pleine d'espoir Hossein, pour savoir s'il confirmait son raisonnement. Elle fut cruellement détrompée.

«Vous prêtez trop d'intelligence à la pièce de monnaie, affirma le mathématicien. La pièce ne sait pas qu'une longue série de sorties de pile vient de se produire. À chaque coup, la probabilité de sortie de pile et de face reste un demi*.

– Et toutes les séries consécutives de pile ou de face, quelle que soit leur longueur, doivent se produire, confirma le logicien Giaffar, qui avait accompagné Laab dans la salle de jeu. Vous ne pouvez "vaincre le hasard"**.

– Donc il n'est pas possible de battre Chahmazane, conclut le grand vizir. Et cela est juste car c'est notre roi. Toutefois, j'ai une inspiration personnelle. Je vais instituer une taxe sur les mises, minime pour commencer. C'est le seul moyen de ne pas perdre.

– Excellente idée, mon bon vizir. Mais pourquoi minime? Vous allez décréter une taxe d'État qui contribuera à remplir, non pas votre bourse, mais mes coffres, acquiesça Chahmazane. Je profiterai ainsi des penchants pervers de mes sujets pour alourdir le montant de leurs impôts. Moral et rémunérateur. »

* Même lorsque l'on est persuadé de la validité de ce raisonnement, il est difficile de ne pas jouer pile après une longue suite de faces. Certains soldats de la Première Guerre mondiale se cachaient dans un trou d'obus car ils pensaient ainsi conjurer le sort, puisqu'il était « peu probable » qu'une bombe tombe deux fois au même endroit. De même, il est arrivé qu'une personne prenne une bombe dans un avion pour éviter qu'il y en ait une autre déposée par un terroriste, arguant du fait que la probabilité pour qu'il y ait deux bombes dans le même avion est extrêmement faible.

** Hormis l'arnaque célèbre contée par Schéhérazade lors de la 17e nuit.

« Le raisonnement, jouer jusqu'à ce que l'on gagne dix euros, puis recommencer n'est pas valable pour une série finie de coups. Après un nombre fini de coups, quand, finalement vous vous arrêtez de jouer, vous devez faire un bilan général, conclua Schéhérazade. Comme vous vous arrêtez quand vous êtes ruiné, vos gains de dix euros successifs sont annulés. Inversement, l'égalisation entre les piles et les faces ne se fait qu'à l'infini, ce qui permet les longues séries de pile ou de face et rend caduc l'argument du joueur qui pense qu'après pile, face a plus de chances de sortir. Il n'est pas de bottes secrètes permettant de vaincre le hasard. »

À ce moment de la narration, Schéhérazade vit apparaître le matin, et discrète, se tut.

Bibliographie

Collectif, *Les Mathématiciens. De l'Antiquité au XXIe siècle*, éditions Belin-Pour la Science, 2010.

Jean-Paul Delahaye, *Merveilleux nombres premiers*, 2013, *La logique, un aiguillon pour la pensée*, 2012, *Complexités*, 2006, *Les inattendus mathématiques*, 2004, *L'intelligence et le calcul*, 2002, *Le Fascinant nombre π*, 1998, *Jeux mathématiques et mathématiques des jeux*, 1998, tous parus aux Éditions Belin-Pour la Science.

G. Gamow et M. Stern, *Jeux mathématiques*, Paris, Éditions Dunod, 1961.

Martin Gardner, *Haha ou l'éclair de la compréhension mathématique*, Paris, Belin-Pour la Science, 1979.

T. W. Körner, *The Pleasures of Counting*, Cambridge, Éditions Cambridge University Press, 1996.

Joël Martin, *Le Dico de la contrepèterie*, Paris, Éditions du Seuil, 1997.

William Poundstone, *Les Labyrinthes de la raison*, Paris, Éditions Belfond, 1990.

Bernard Sapoval, *Universalité et fractales*, Paris, Éditions Flammarion, Nouvelle Bibliothèque Scientifique, 1997.

Ian Stewart, *Les Mathématiques de la vie*, Paris, Belin-Pour la Science, 1998.

Rolin Wavre, *La Logique amusante*, Éditions du Mont-Blanc, 1946.

Et les Auteurs de la revue *Pour la Science*…

IMPRIM'VERT®

Imprimé en France par Chirat – 42540 Saint-Just-la-Pendue
N° d'imprimeur : 201401.0245 - Dépôt légal : février 2014
N° d'édition : 70118964-01